3학년이 꼭 알아야 할 도형

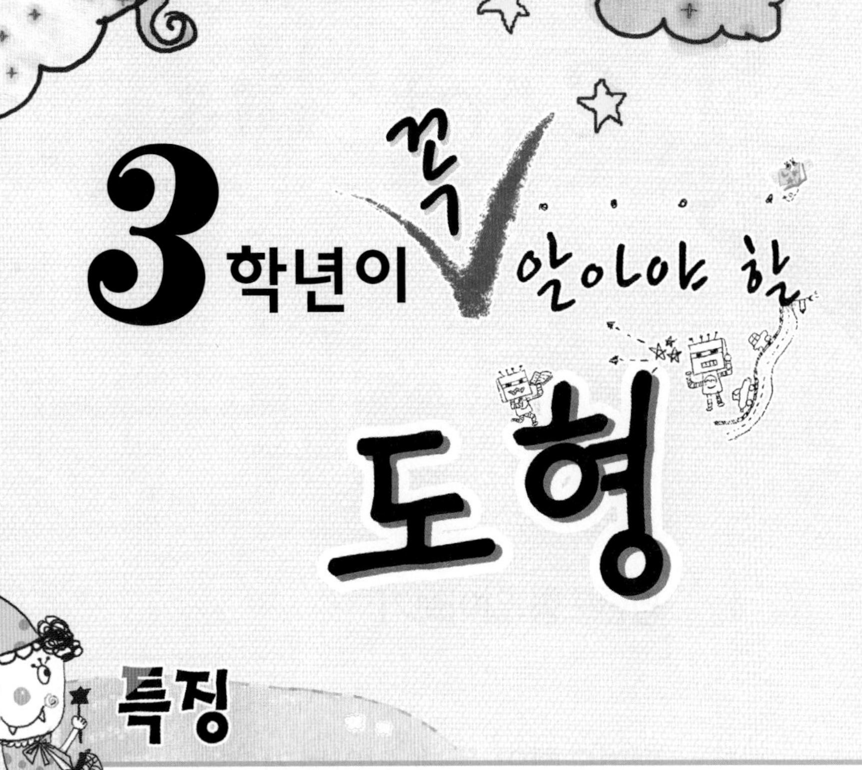

특징

1. 2학년부터 6학년까지 각 학년별 한 권씩(총 5권)으로 구성되어 있습니다.
2. 도형에 대한 개념을 이해하고 다양한 문제를 통해 자신감을 얻도록 하였습니다.
3. 자학자습용으로 뿐만 아니라 학원에서 특강용으로 활용할 수 있도록 하였습니다.

구성

각 단원에서 꼭 알아야 할 기본적인 개념과 원리를 요약 정리하였습니다.

개념 익히기 도형의 기본 개념과 원리를 확인하고 다질 수 있도록 하였습니다.

동메달 따기 도형의 기본 원리를 적용하여 문제 해결을 함으로써, 자신감을 갖도록 하였습니다.

은메달 따기 동메달 따기에서 얻은 자신감을 바탕으로 좀 더 향상된 문제해결력을 지닐 수 있도록 하였습니다.

금메달 따기 다소 발전적인 문제로 구성되어, 도전의식을 가지고 문제를 해결해 보도록 하였습니다.

Contents

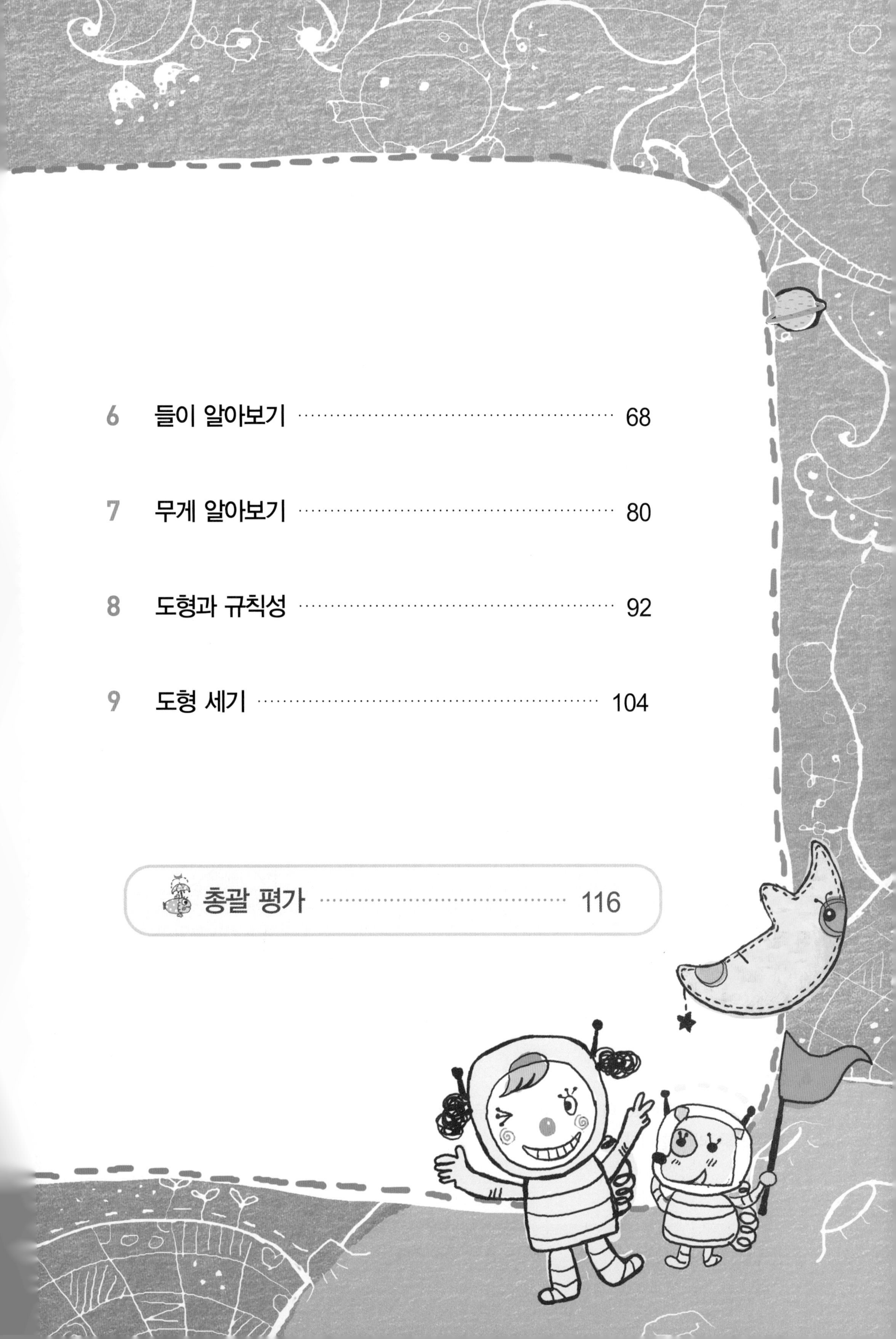

1. 평면도형 알아보기

개념 확인

1. 선분, 반직선, 직선 알아보기

(1) 선분 : 두 점을 곧게 이은 선을 선분이라고 합니다. 점 ㄱ과 점 ㄴ을 이은 선분을 선분 ㄱㄴ 또는 선분 ㄴㄱ이라고 합니다.

(2) 반직선 : 한 점에서 한쪽으로 끝없이 늘인 곧은 선을 반직선이라고 합니다. 점 ㄱ에서 시작하여 점 ㄴ을 지나는 반직선을 반직선 ㄱㄴ이라고 합니다.

(3) 직선 : 양쪽으로 끝없이 늘인 곧은 선을 직선이라고 합니다. 점 ㄱ과 점 ㄴ을 지나는 직선을 직선 ㄱㄴ 또는 직선 ㄴㄱ이라고 합니다.

2. 각 알아보기

한 점에서 그은 두 반직선으로 이루어진 도형을 각이라고 합니다. 오른쪽 각에서 점 ㄴ을 각의 꼭짓점이라 하고, 반직선 ㄴㄱ, 반직선 ㄴㄷ을 각의 변이라고 합니다.

이 각을 각 ㄱㄴㄷ 또는 각 ㄷㄴㄱ이라고 합니다.

3. 직각 알아보기

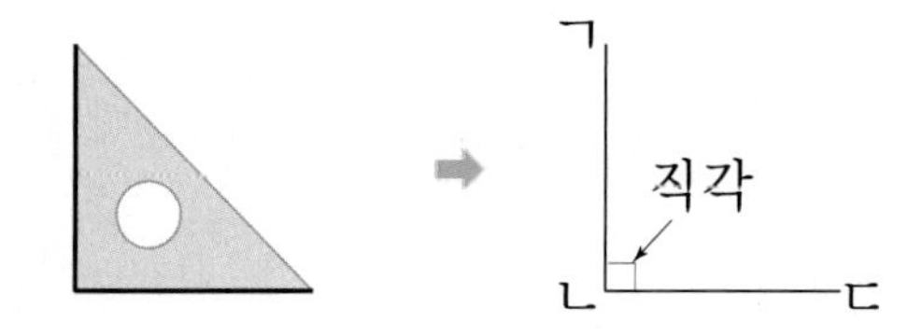

왼쪽의 각 ㄱㄴㄷ과 같은 모양의 각을 직각이라고 합니다.

4. 직각삼각형

한 각이 직각인 삼각형을 직각삼각형이라고 합니다.

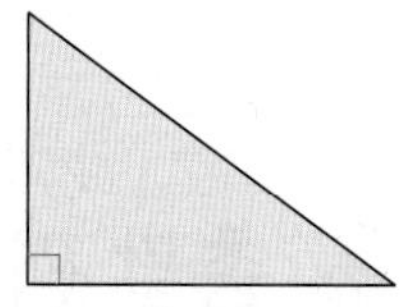

5. 직사각형

네 각이 모두 직각인 사각형을 직사각형이라고 합니다.

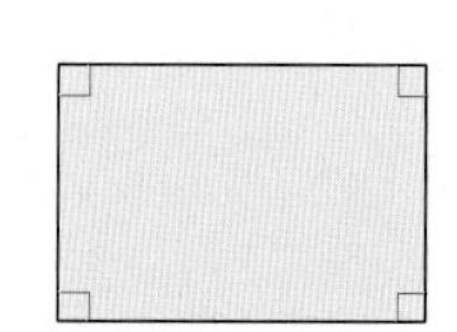

6. 정사각형

네 각이 모두 직각이고, 네 변의 길이가 모두 같은 사각형을 정사각형이라고 합니다.

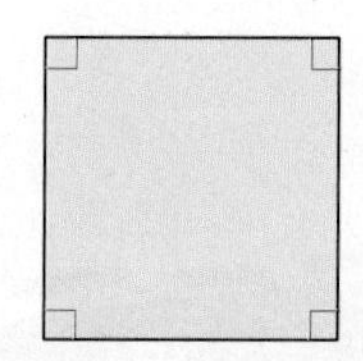

개념 익히기

1 □ 안에 알맞은 말을 써넣으시오.

(1) 두 점을 곧게 이은 선을 □ 이라고 합니다.

(2) 한 점에서 한쪽으로 끝없이 늘인 곧은 선을 □ 이라고 합니다.

(3) 양쪽으로 끝없이 늘인 곧은 선을 □ 이라고 합니다.

2 그림을 보고 (　　) 안에 알맞게 써 보시오.

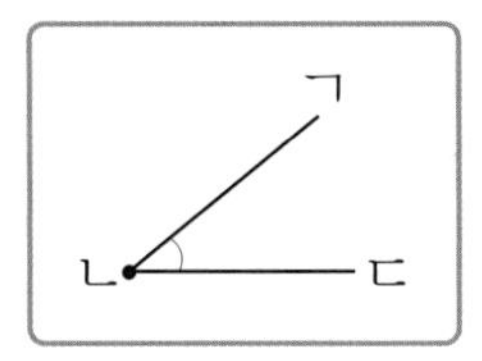

꼭짓점 : 점 (　　　　　　)

변 읽기 : 변 (　　　　　　)

변 (　　　　　　)

각 읽기 : 각 (　　　　　　)

3 도형에서 직각을 모두 찾아 ∟ 으로 표시하시오.

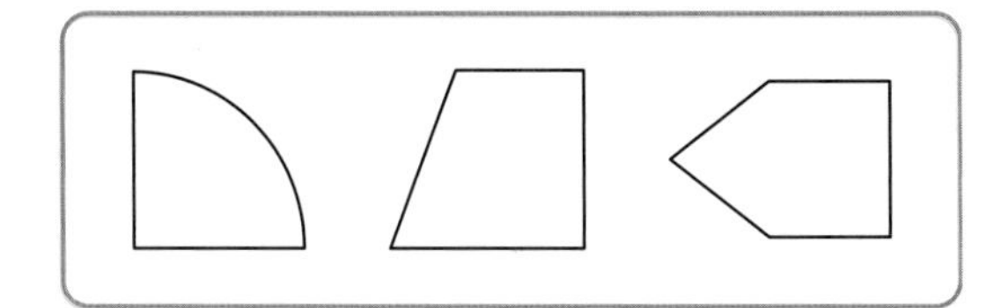

4 직각삼각형에 대해 빈칸에 알맞은 수를 써넣으시오.

변의 수(개)	꼭짓점의 수(개)	직각의 수(개)

5 색종이를 점선을 따라 잘랐을 때, 직사각형은 모두 몇 개 생깁니까?

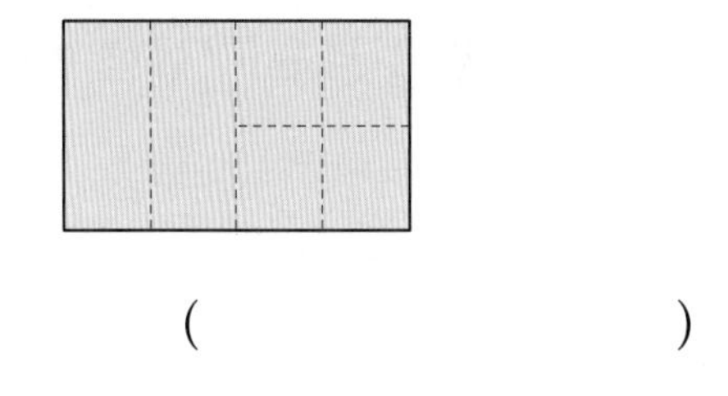

(　　　　　　)

6 직사각형 모양의 종이를 그림과 같이 접어서 잘랐을 때, 가 부분을 펼치면 어떤 사각형이 됩니까?

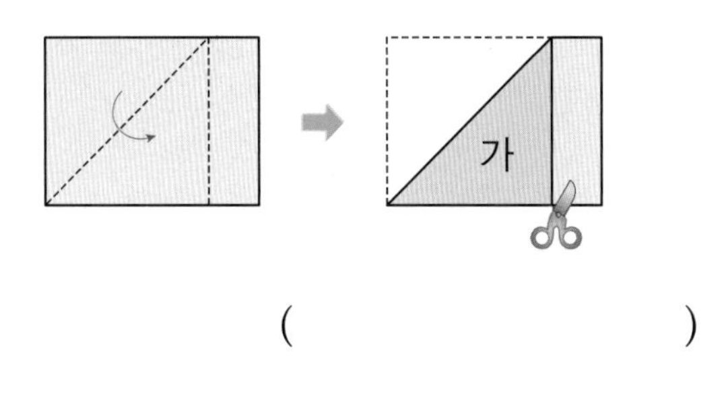

(　　　　　　)

동메달 따기

1 반직선 ㄱㄴ을 바르게 그린 것을 찾아 기호를 쓰시오.

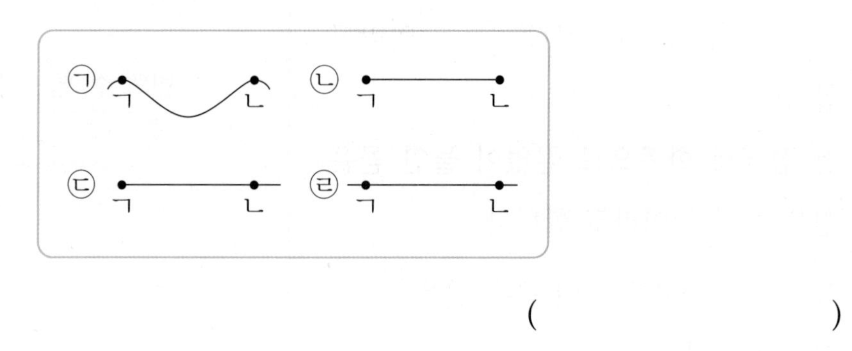

(　　　　　　　　)

2 그림을 보고 □ 안에 알맞은 말을 써넣으시오.

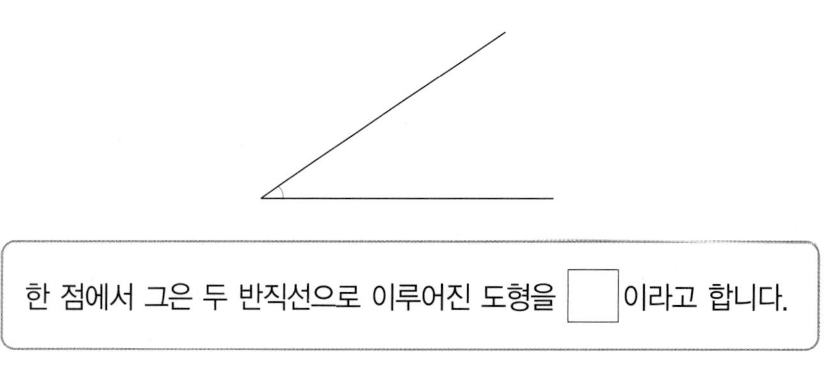

한 점에서 그은 두 반직선으로 이루어진 도형을 □ 이라고 합니다.

3 그림의 각 부분에 해당하는 이름을 써넣으시오.

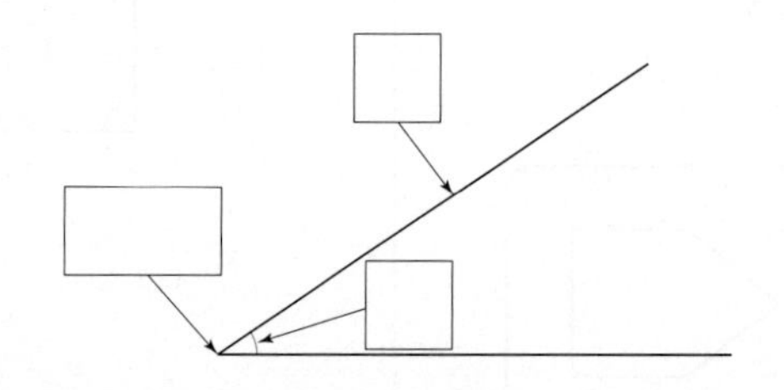

4 다음 도형에는 직각이 몇 개 있습니까?

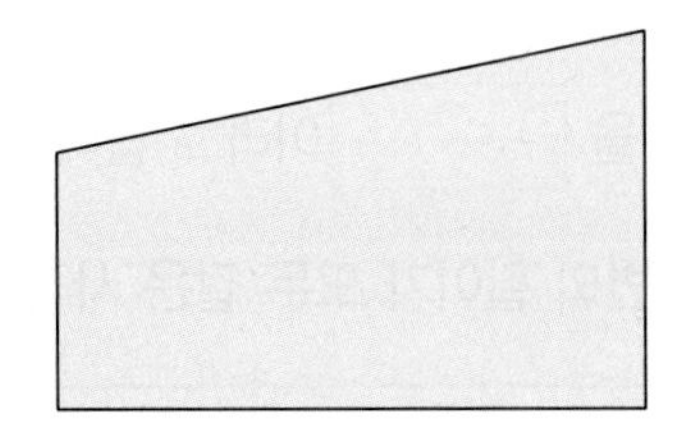

( )

5 다음 도형의 이름을 쓰시오.

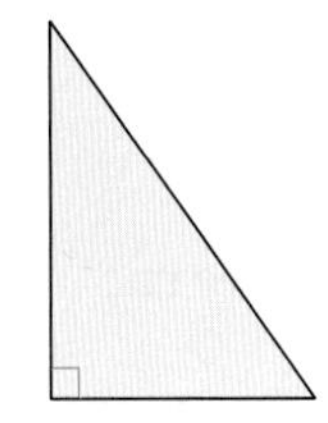

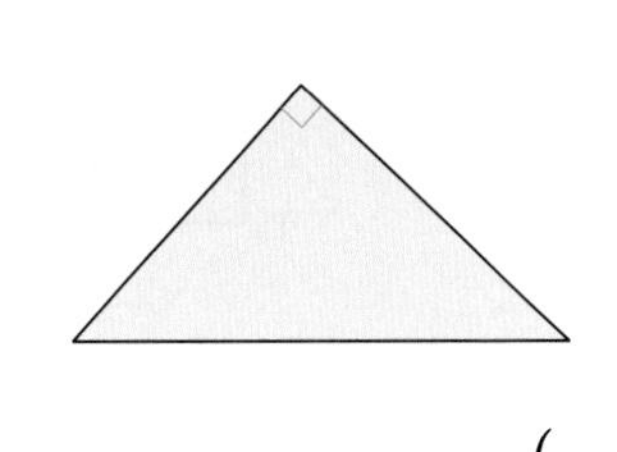

( )

6 다음 도형에서 직각삼각형은 모두 몇 개입니까?

가 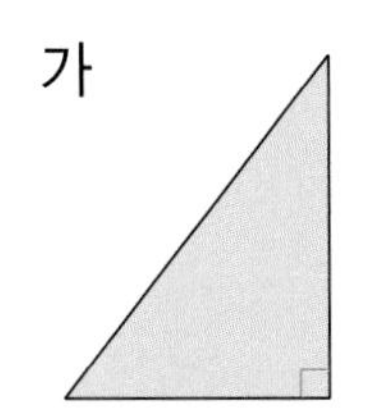 나 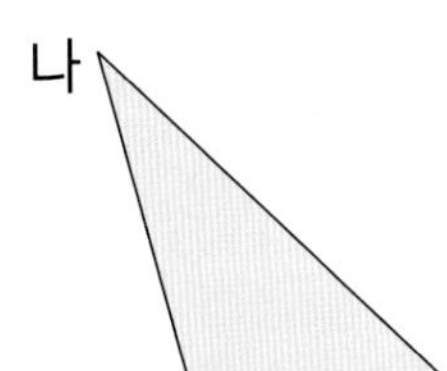 다 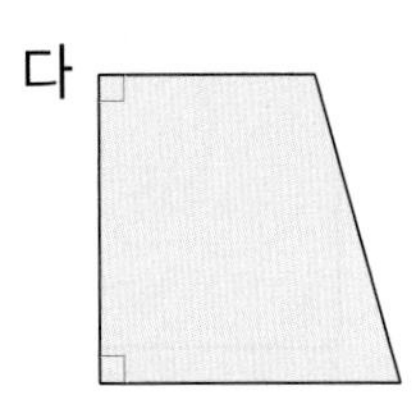 라 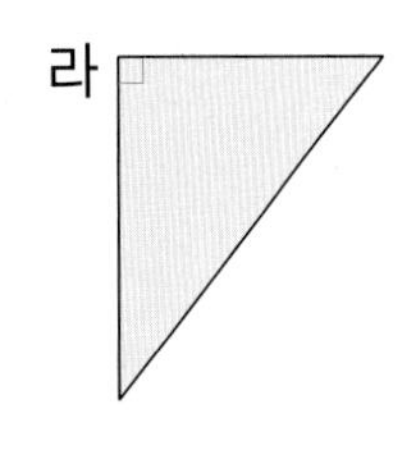 마 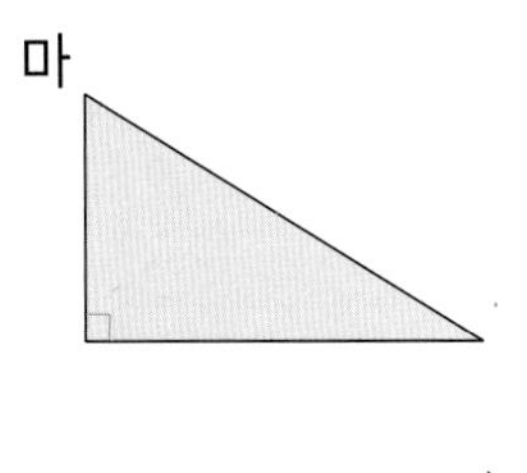

( )

7 □ 안에 알맞은 말을 써넣으시오.

• 네 각이 모두 직각인 사각형을 □ 이라고 합니다.

• 네 각이 모두 직각이고, 네 변의 길이가 모두 같은 사각형을 □ 이라고 합니다.

8 다음 직각삼각형에서 직각을 찾아 읽어 보시오.

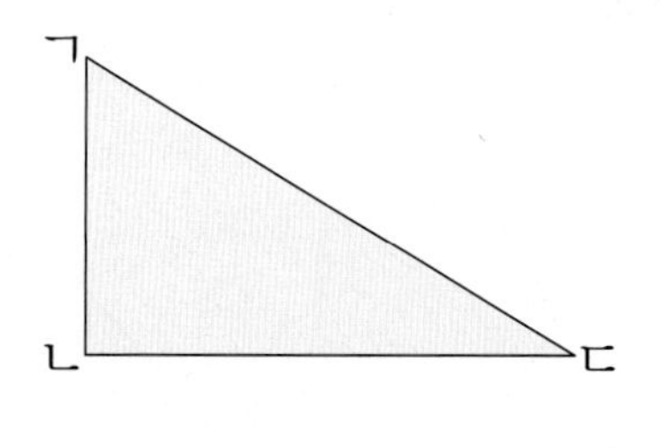

(   )

9 그림을 점선을 따라 잘랐을 때, 직각삼각형은 모두 몇 개 생깁니까?

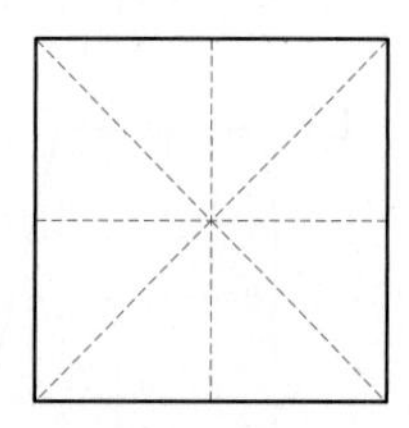

(   )

10 다음 도형은 직각삼각형입니까? 아니라면 그 이유를 쓰시오.

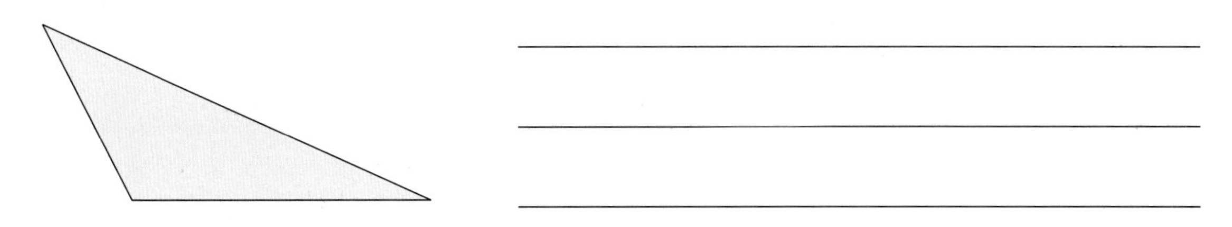

11 다음 도형은 정사각형입니까? 아니라면 그 이유를 쓰시오.

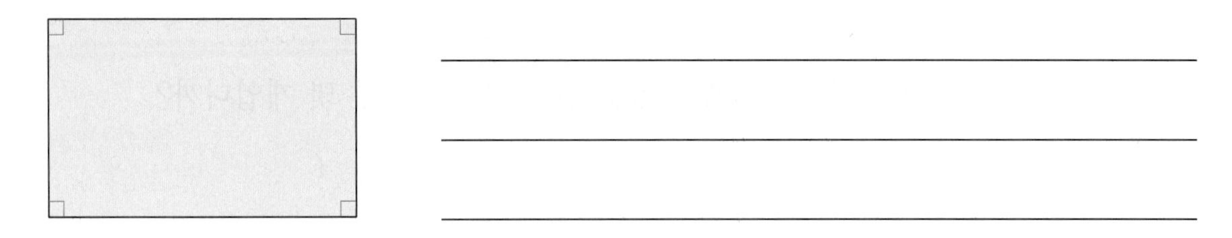

12 직사각형에서 변 ㄱㄹ의 길이가 3 cm일 때, 변 ㄴㄷ의 길이는 몇 cm입니까?

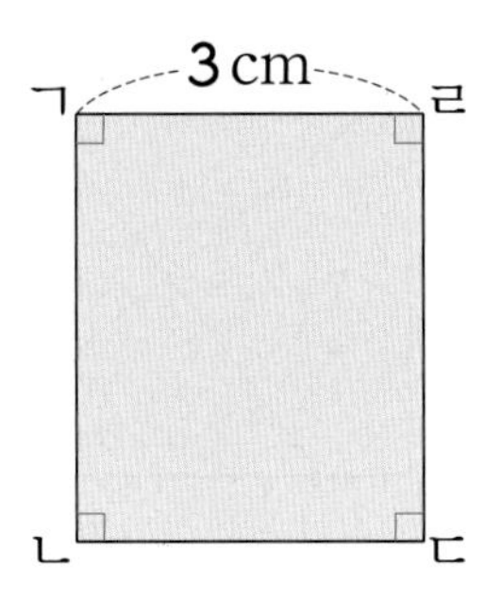

(   )

1 다음 도형에서 찾을 수 있는 직각은 모두 몇 개입니까?

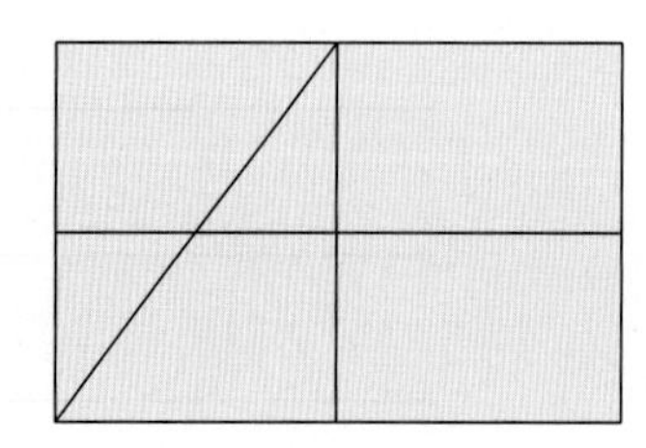

( )

2 직각삼각형 5개와 직사각형 3개가 있습니다. 직각은 모두 몇 개입니까?

( )

3 다음 도형에서 찾을 수 있는 크고 작은 직각삼각형은 모두 몇 개입니까?

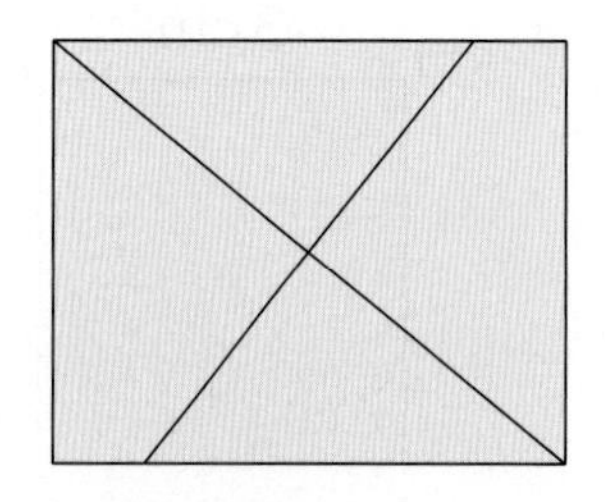

( )

4 다음 도형에서 찾을 수 있는 크고 작은 직사각형은 모두 몇 개입니까?

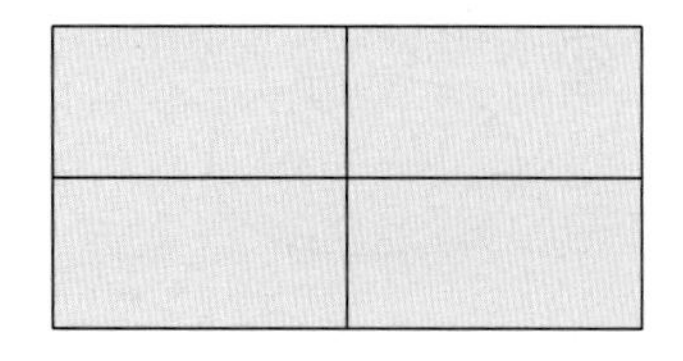

(　　　　　　　　　)

5 직사각형을 모두 찾아 기호를 쓰시오.

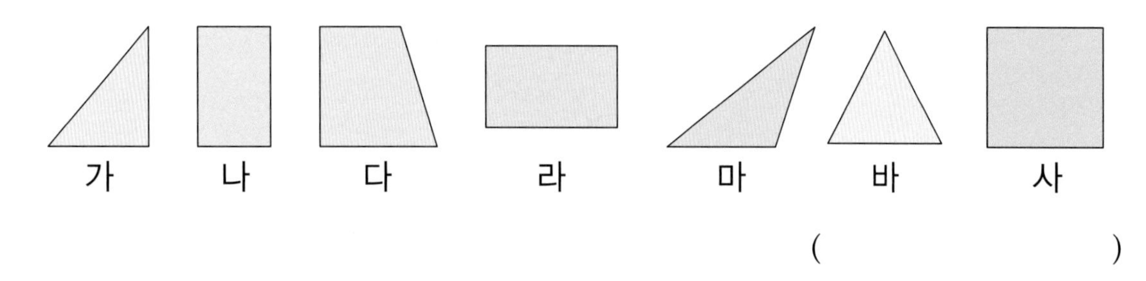

(　　　　　　　　　)

6 다음 중 설명이 바르지 <u>못한</u> 것은 어느 것입니까? (　　　　)

① 직각삼각형은 한 각이 직각인 삼각형입니다.
② 직사각형은 네 각이 모두 직각인 사각형입니다.
③ 직사각형은 네 변의 길이가 모두 같습니다.
④ 정사각형은 네 변의 길이가 모두 같습니다.
⑤ 정사각형은 4개의 각이 모두 직각이므로 직사각형입니다.

7 다음 중에서 각의 개수가 가장 많은 도형은 어느 것입니까? (　　　　)

① 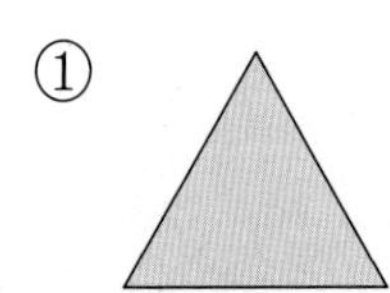
② 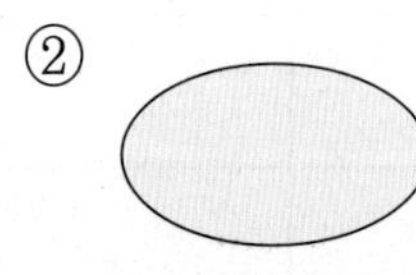
③ 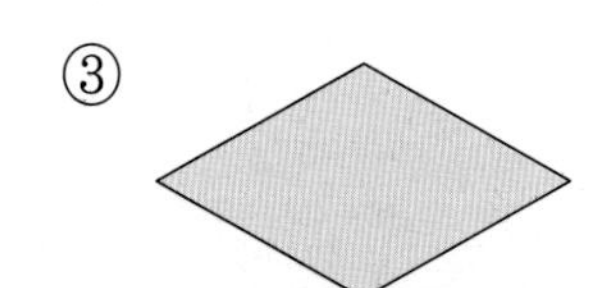
④ 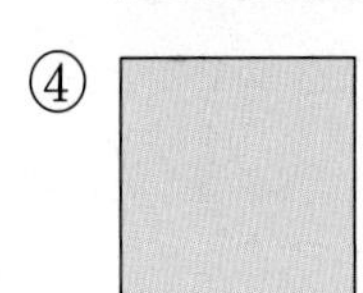
⑤ 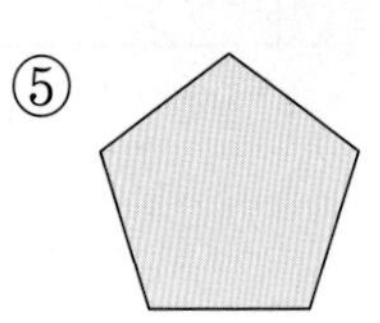

8 다음 도형에서 직각보다 작은 각은 모두 몇 개 있습니까?

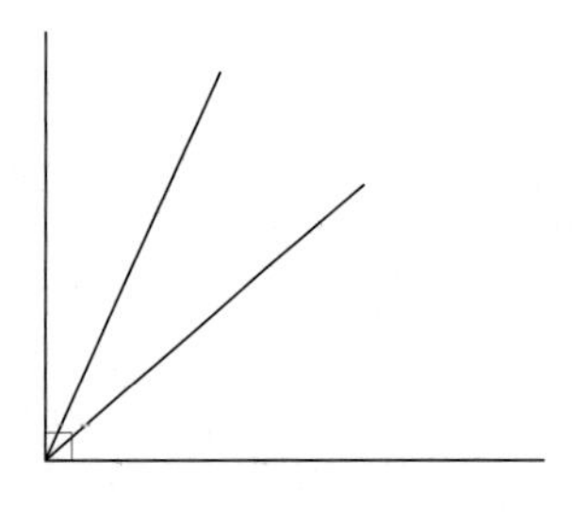

(　　　　　　　　)

9 다음 도형에서 찾을 수 있는 직각은 모두 몇 개입니까?

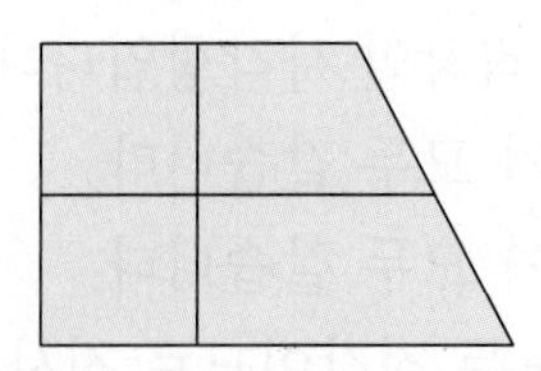

(　　　　　　　　)

10 다음 사각형을 가위로 잘라 가장 큰 정사각형을 만들었습니다. 만든 정사각형의 한 변의 길이는 몇 cm입니까?

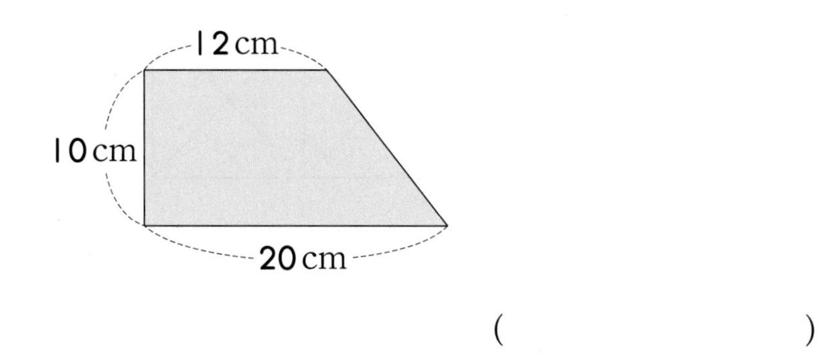

( )

11 다음 도형은 직사각형입니까? 아니라면 그 이유를 쓰시오.

12 직각삼각형 3개와 정사각형이 몇 개 있습니다. 이 도형들에서 직각을 세어 보니 모두 31개였습니다. 정사각형은 몇 개 있습니까?

( )

금메달 따기

생각의 샘

1 다음은 정사각형 2개를 이어 붙여 만든 도형입니다. 찾을 수 있는 크고 작은 직각삼각형은 모두 몇 개입니까?

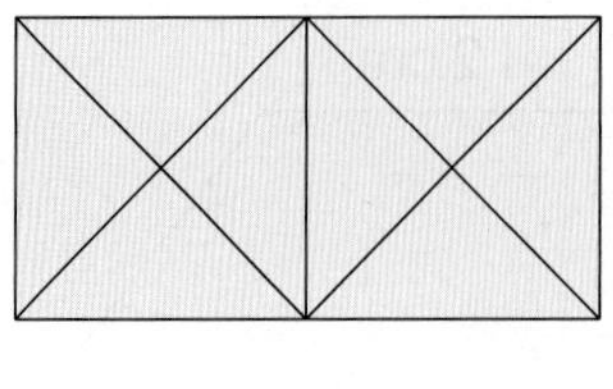

( )

1칸으로 이루어진 직각삼각형, 2칸으로 이루어진 직각삼각형, 4칸으로 이루어진 직각삼각형을 찾아봅니다.

2 다음 도형에서 찾을 수 있는 각 중 직각보다 작은 각은 모두 몇 개입니까?

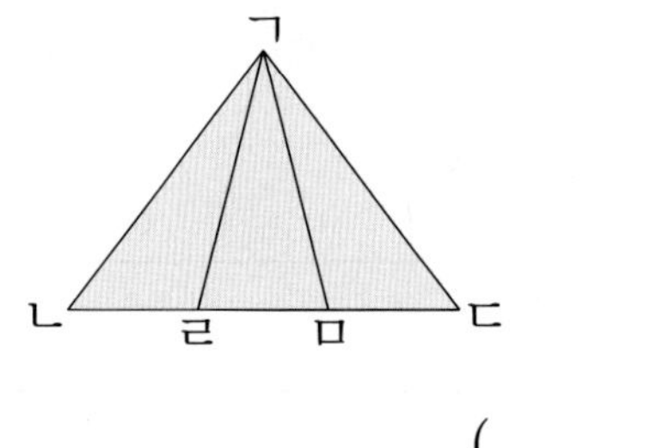

( )

각 ㄱㄹㄴ과 각 ㄱㅁㄷ은 직각보다 크다는 것에 주의합니다.

3 다음과 같은 직사각형 모양의 종이를 잘라 한 변의 길이가 4 cm인 정사각형을 몇 개까지 만들 수 있습니까?

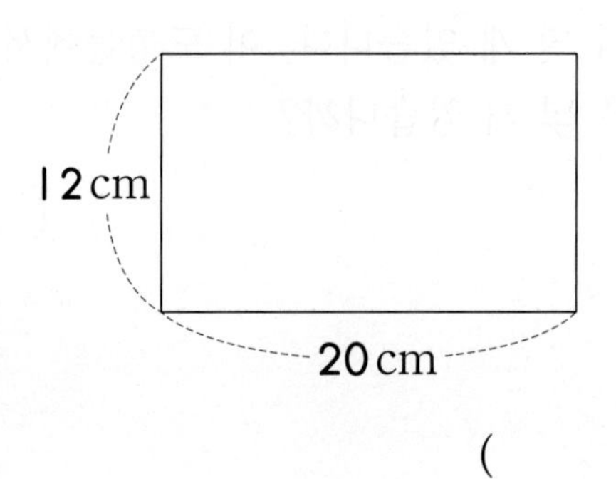

( )

정사각형을 가로로 몇 개, 세로로 몇 개까지 만들 수 있는지 알아봅니다.

생각의 샘

4 도형에서 찾을 수 있는 크고 작은 직각삼각형은 모두 몇 개입니까?

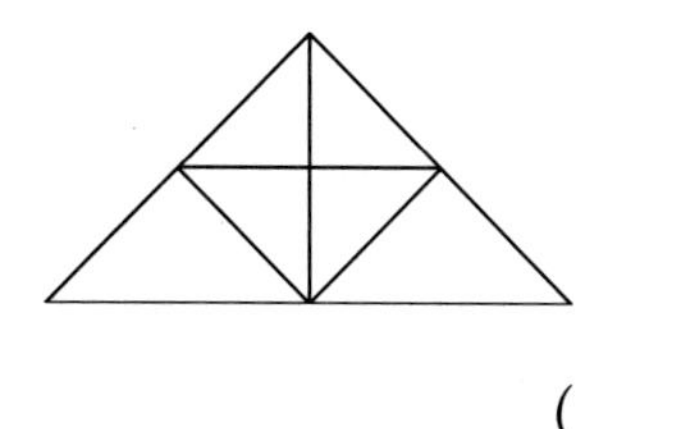

(   )

작은 삼각형의 개수가 작은 것부터 차례로 알아봅니다.

5 크기가 다른 2개의 정사각형을 겹치는 부분 없이 붙여 놓은 것입니다. 큰 정사각형의 네 변의 길이의 합을 구하시오.

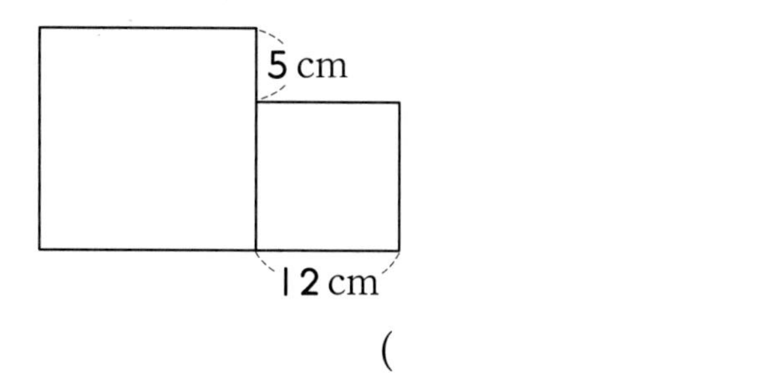

(   )

정사각형은 네 변의 길이가 모두 같습니다.

6 사각형 ㄱㄴㅅㅁ과 사각형 ㅁㅂㅇㄹ은 정사각형입니다. 사각형 ㅂㅅㄷㅇ의 네 변의 길이의 합을 구하시오.

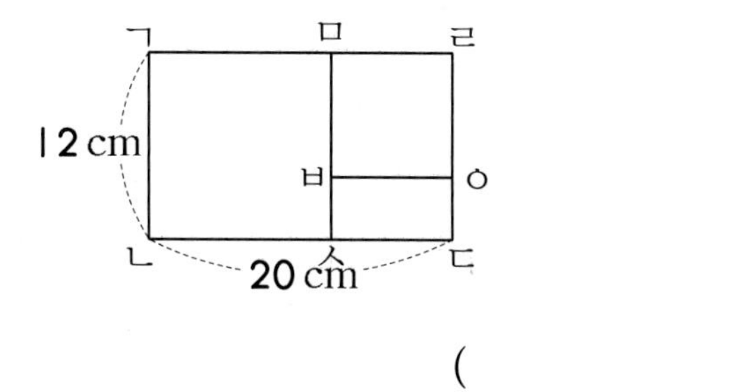

(   )

사각형 ㅂㅅㄷㅇ은 마주 보는 변의 길이가 같습니다.

2. 평면도형의 둘레 알아보기

개념 확인

1. 삼각형의 둘레의 길이

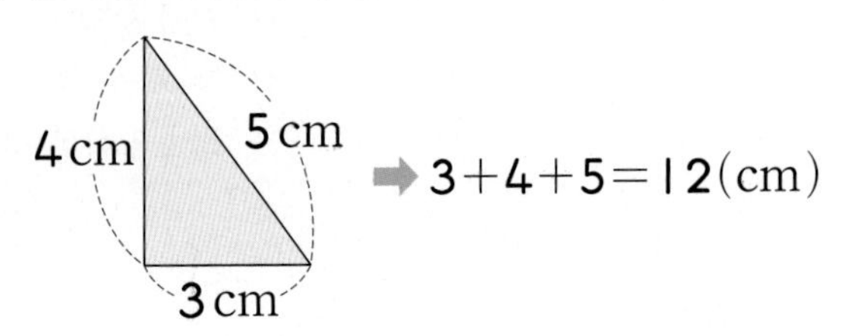

➡ $3+4+5=12$(cm)

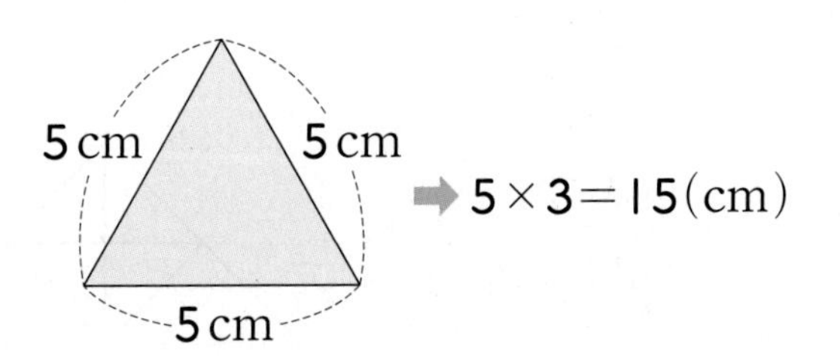

➡ $5\times3=15$(cm)

2. 사각형의 둘레의 길이

(1) 직사각형의 둘레의 길이

3 cm, 5 cm

➡ $(3+5)\times2=16$(cm)

└→ $3+5+3+5$

(2) 정사각형의 둘레의 길이

3 cm

➡ $3\times4=12$(cm)

3. 복잡한 도형의 둘레의 길이

(1)

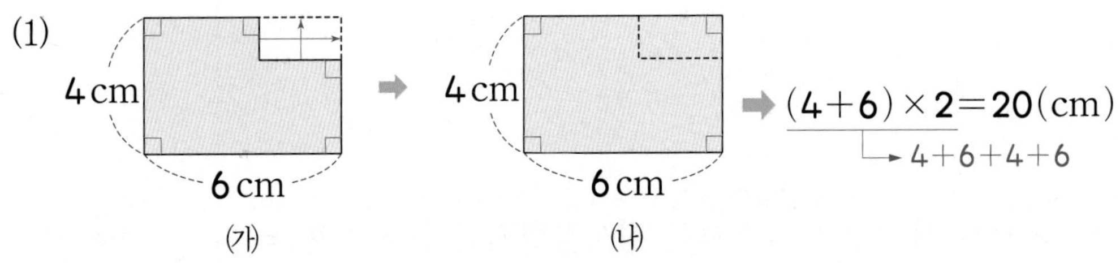

➡ $(4+6)\times2=20$(cm)

└→ $4+6+4+6$

➡ (가) 도형의 둘레의 길이는 (나) 도형의 둘레의 길이와 같은 것으로 생각할 수 있으므로 (나) 도형의 둘레의 길이를 구합니다.

(2)

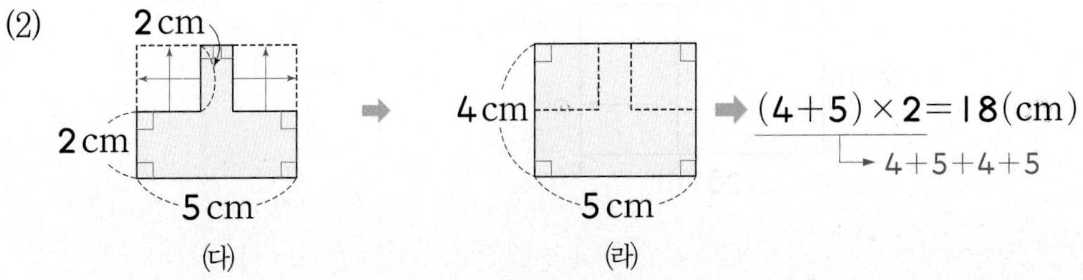

➡ $(4+5)\times2=18$(cm)

└→ $4+5+4+5$

➡ (다) 도형의 둘레의 길이는 (라) 도형의 둘레의 길이와 같은 것으로 생각할 수 있으므로 (라) 도형의 둘레의 길이를 구합니다.

개념 익히기

1 다음 삼각형의 둘레의 길이를 구하시오.

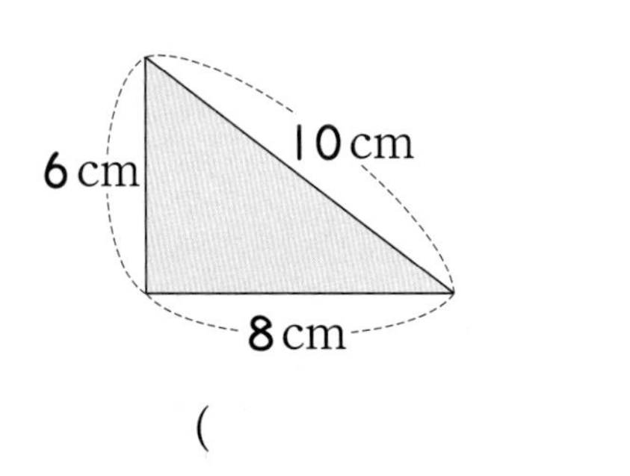

( )

2 다음 직사각형의 둘레의 길이를 구하시오.

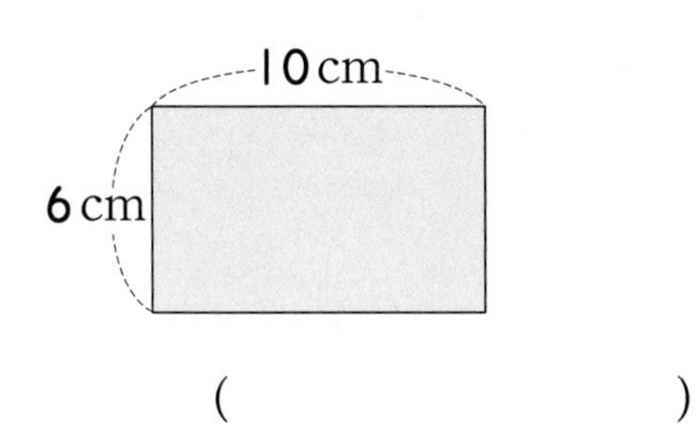

( )

3 다음 정사각형의 둘레의 길이를 구하시오.

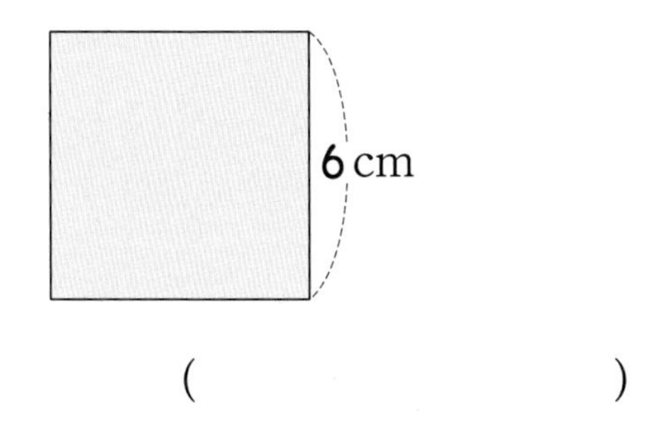

( )

4 다음 도형의 둘레의 길이를 구하시오.

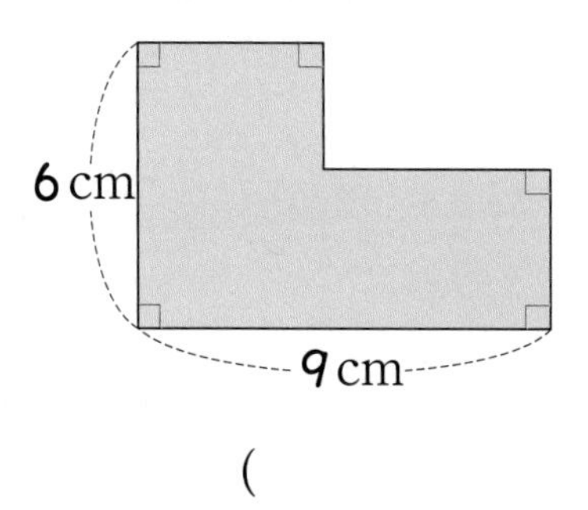

( )

5 다음 도형의 둘레의 길이를 구하시오.

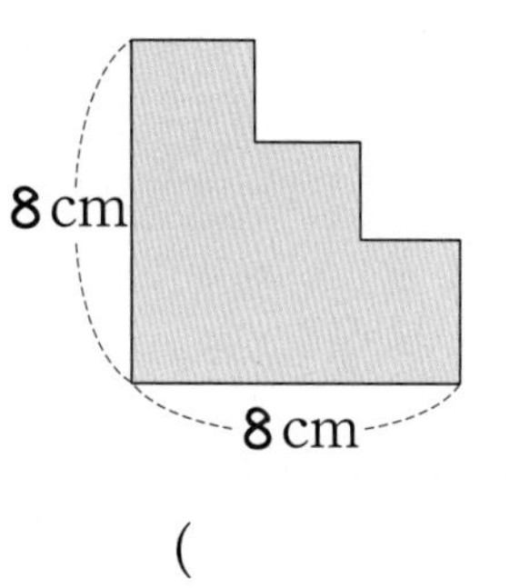

( )

6 다음 도형의 둘레의 길이를 구하시오.

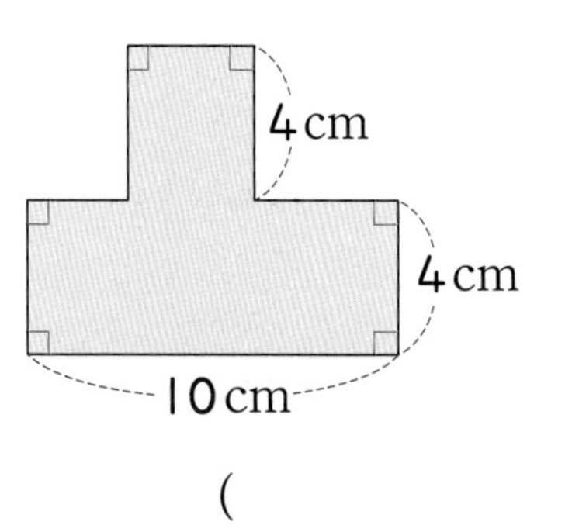

( )

동메달 따기

1 다음 삼각형의 둘레의 길이는 몇 cm입니까?

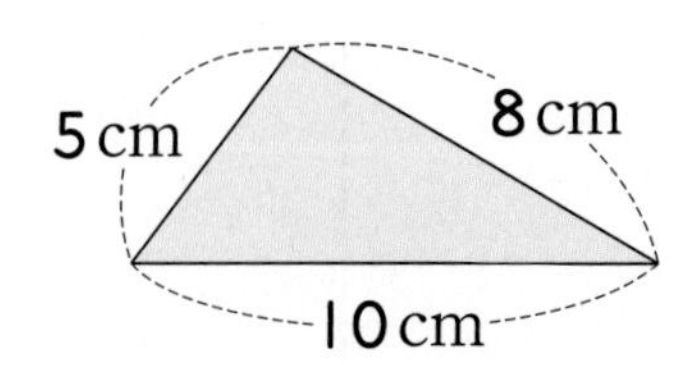

(   )

2 다음 직사각형의 둘레의 길이는 몇 cm입니까?

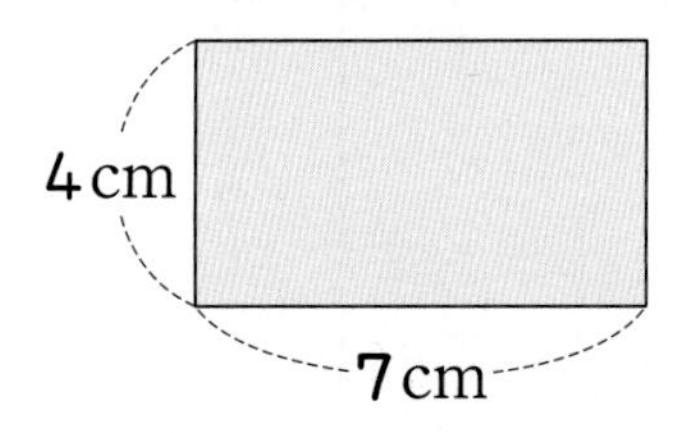

(   )

3 다음 정사각형의 둘레의 길이는 몇 cm입니까?

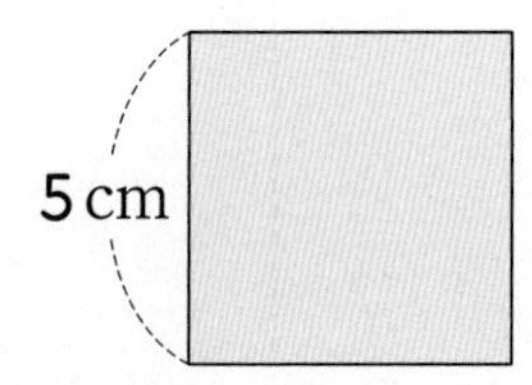

(   )

4 오른쪽 삼각형은 두 변의 길이가 서로 같습니다. 이 삼각형의 둘레의 길이는 몇 cm입니까?

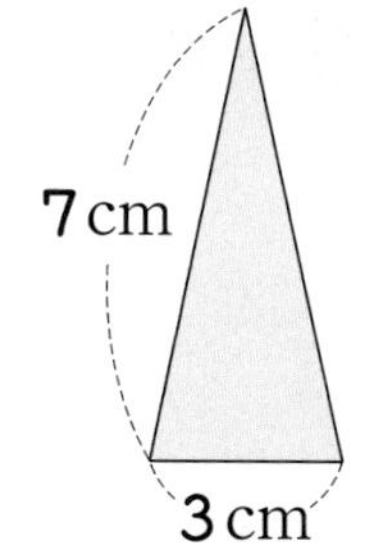

( )

5 직사각형 가와 정사각형 나 중 둘레의 길이가 더 긴 것은 어느 것이며 몇 cm 더 깁니까?

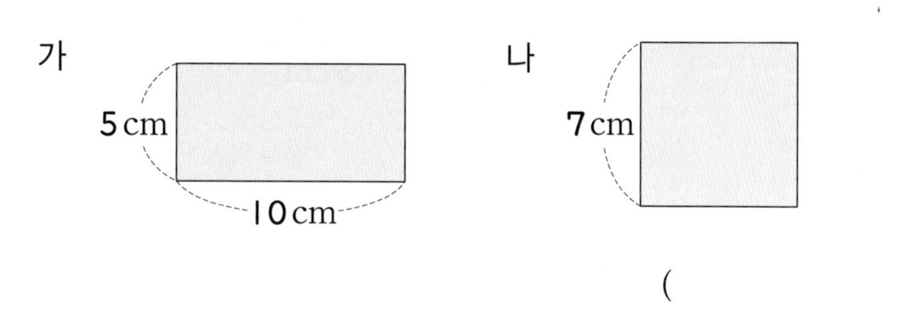

( )

6 길이가 24 cm인 철사를 모두 사용하여 세 변의 길이가 같은 삼각형을 만들었습니다. 만든 삼각형의 한 변의 길이는 몇 cm입니까?

( )

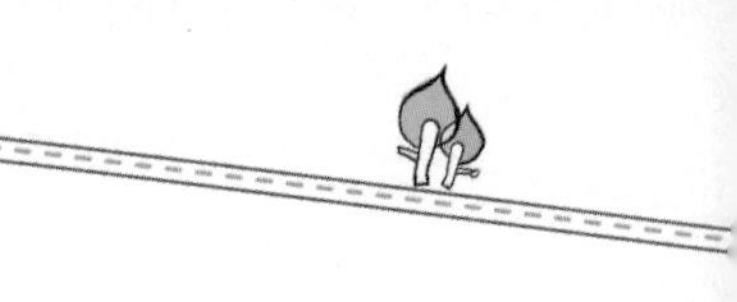

7 가로가 5 cm, 세로가 3 cm인 직사각형 2개의 둘레의 길이의 합은 몇 cm입니까?

(　　　　　　　　)

8 한 변의 길이가 8 cm인 정사각형의 둘레의 길이는 다음 직사각형의 둘레의 길이보다 몇 cm 더 깁니까?

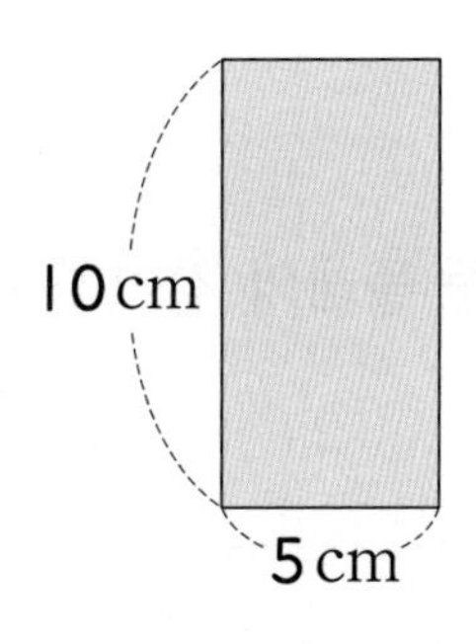

(　　　　　　　　)

9 다음 삼각형의 둘레의 길이와 어떤 정사각형의 둘레의 길이와의 합은 38 cm입니다. 어떤 정사각형의 둘레의 길이는 몇 cm입니까?

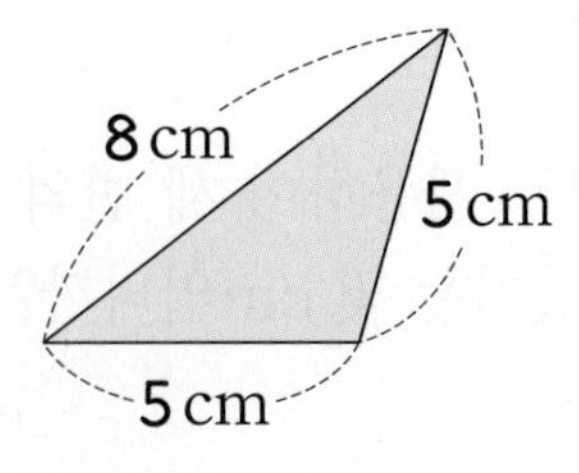

(　　　　　　　　)

10 다음 도형의 둘레의 길이는 몇 cm입니까?

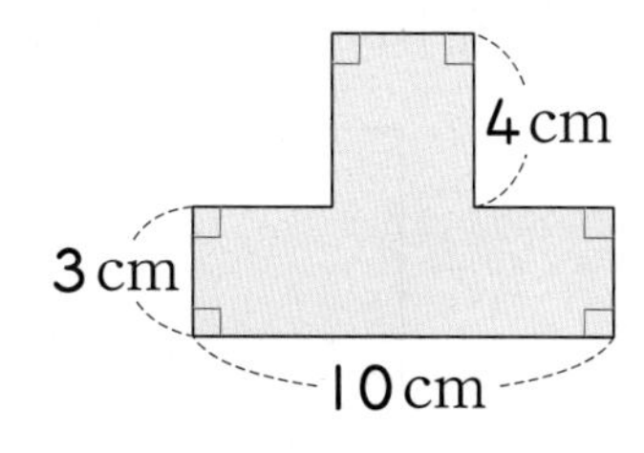

(　　　　　　　　　)

11 가와 나 두 도형 중 둘레의 길이가 더 긴 것은 어느 것입니까?

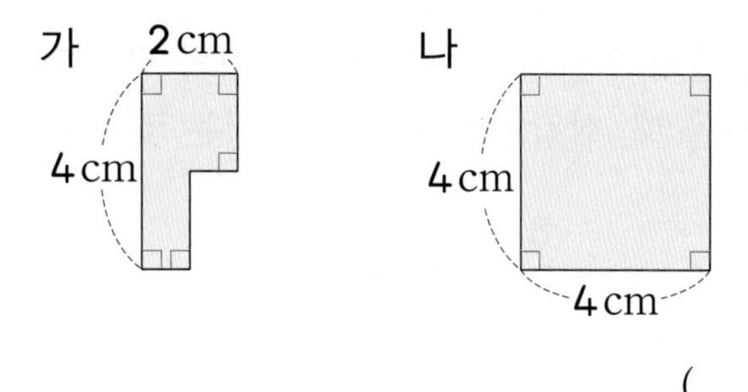

(　　　　　　　　　)

12 다음 도형의 둘레의 길이는 몇 cm입니까?

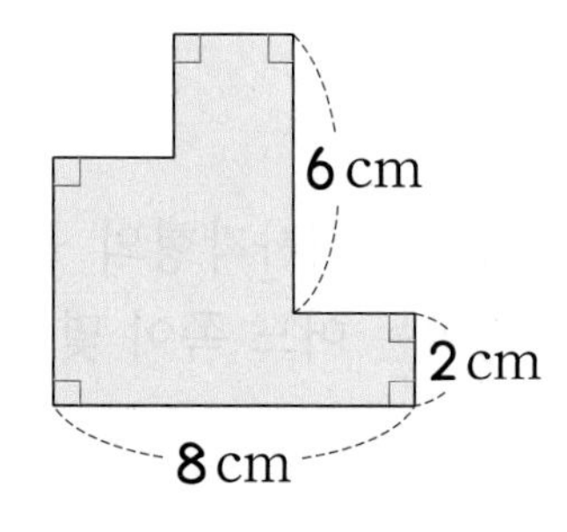

(　　　　　　　　　)

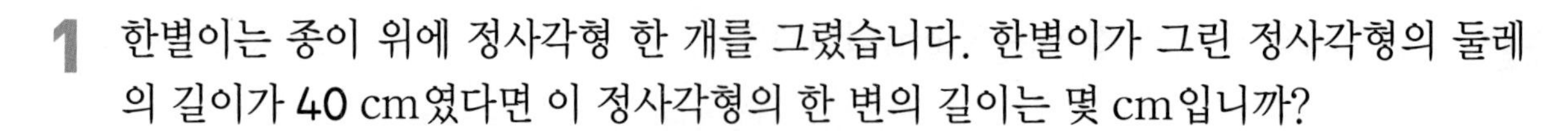

1 한별이는 종이 위에 정사각형 한 개를 그렸습니다. 한별이가 그린 정사각형의 둘레의 길이가 40 cm였다면 이 정사각형의 한 변의 길이는 몇 cm입니까?

(　　　　　　　　)

2 다음 직사각형의 둘레의 길이와 삼각형의 둘레의 길이가 서로 같습니다. 삼각형의 세 변의 길이가 같을 때, 삼각형의 한 변의 길이는 몇 cm입니까?

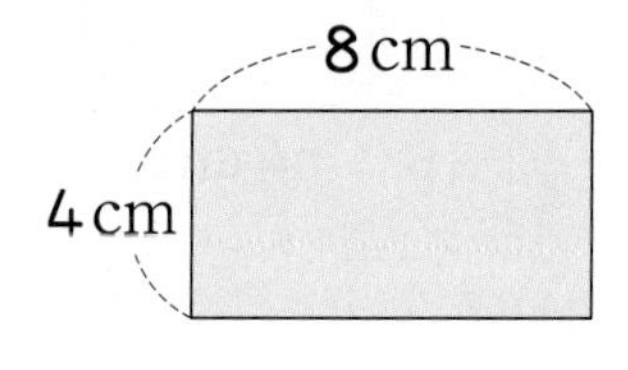

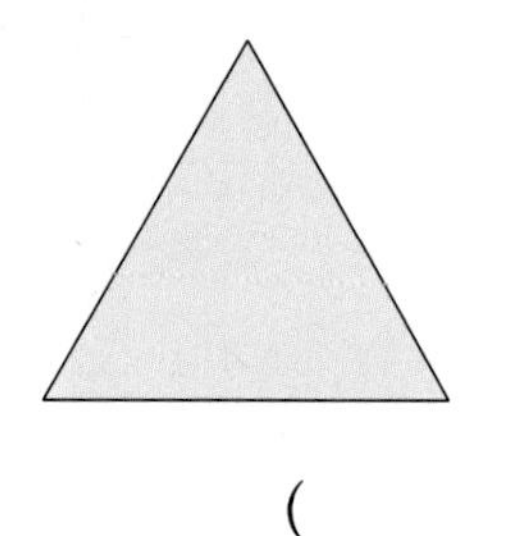

(　　　　　　　　)

3 가로가 3 cm, 세로가 4 cm인 직사각형의 둘레의 길이와 세 변의 길이가 각각 5 cm인 삼각형의 둘레의 길이는 어느 쪽이 몇 cm 더 깁니까?

(　　　　　　　　)

4 철사를 사용하여 한 변의 길이가 6 cm인 정사각형을 만들었습니다. 이 철사를 곧게 펴서 다음과 같은 삼각형을 만든다면 몇 개를 만들 수 있습니까?

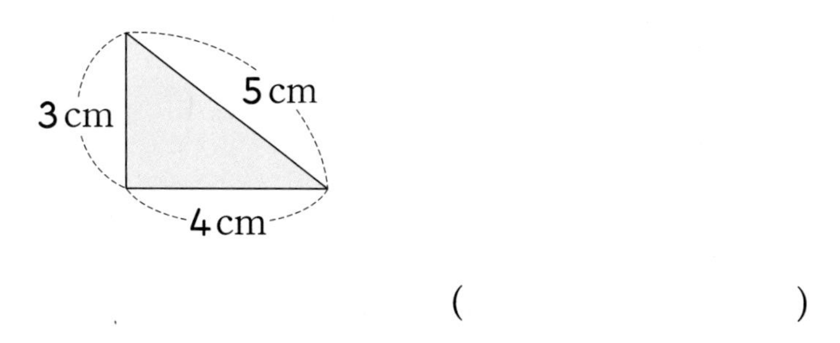

(　　　　　　　　)

5 다음 직사각형의 둘레의 길이가 20 cm일 때 □ 안에 알맞은 수를 써넣으시오.

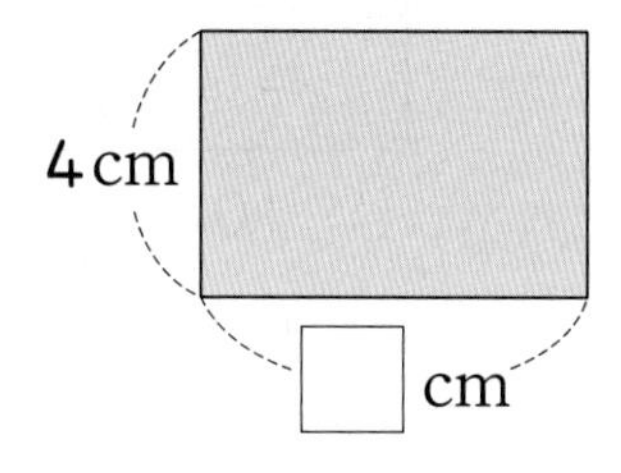

6 다음은 두 변의 길이가 같은 삼각형입니다. 둘레의 길이는 13 cm일 때 □ 안에 알맞은 수를 써넣으시오.

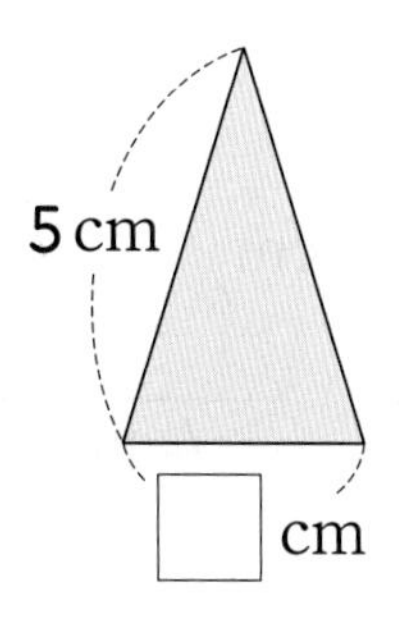

은메달 따기

7 철사를 사용하여 오른쪽 도형을 만들었습니다. 이 철사를 곧게 펴서 가장 큰 정사각형을 한 개 만들었을 때, 이 정사각형의 한 변의 길이는 몇 cm입니까?

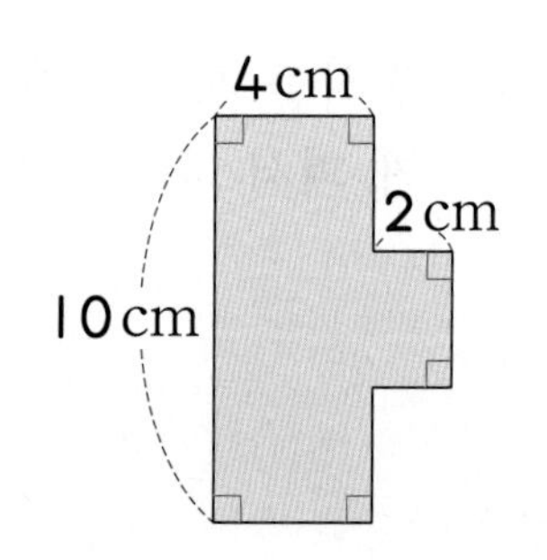

( )

다음 도형을 보고 물음에 답하시오. [8~9]

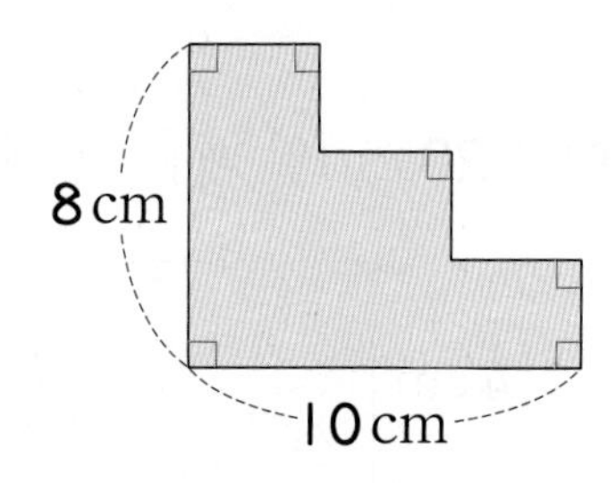

8 위 도형의 둘레의 길이와 같은 정사각형을 만든다면 정사각형의 한 변의 길이는 몇 cm입니까?

( )

9 위 도형의 둘레의 길이는 다음 삼각형의 둘레의 길이의 몇 배입니까?

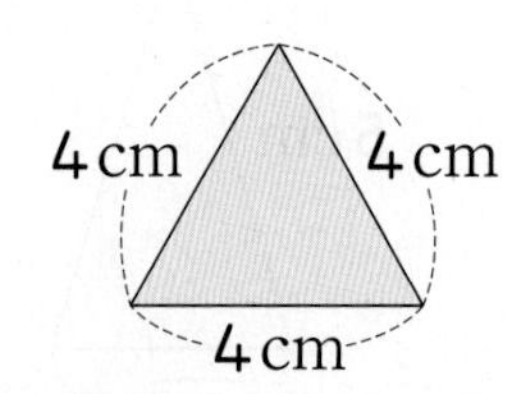

( )

10 크기가 같은 정사각형 3개의 둘레의 길이의 합이 72 cm입니다. 이 정사각형 한 개의 둘레의 길이가 다음 삼각형의 둘레의 길이와 같을 때, 삼각형의 한 변의 길이는 몇 cm입니까? (단, 삼각형은 변의 길이가 모두 같습니다.)

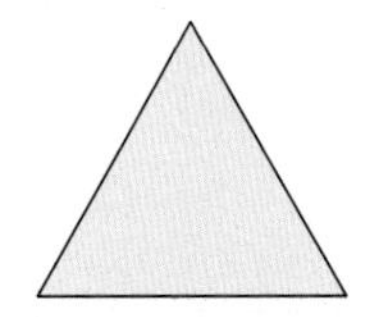

(　　　　　　　　)

11 다음 도형의 둘레의 길이는 26 cm입니다. □ 안에 알맞은 수를 구하시오.

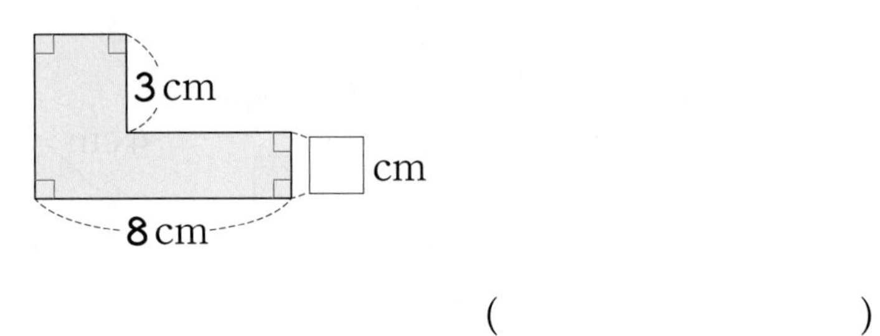

(　　　　　　　　)

12 다음 도형의 둘레의 길이는 22 cm입니다. □ 안에 알맞은 수를 구하시오.

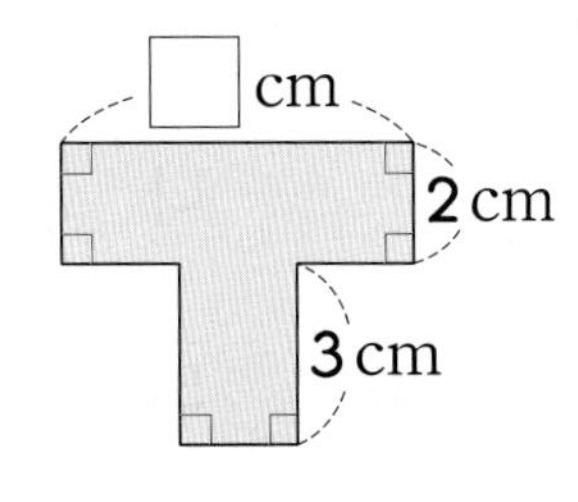

(　　　　　　　　)

금메달 따기

1 다음 직사각형의 둘레의 길이는 한 변의 길이가 10 cm인 정사각형의 둘레의 길이와 같습니다. □ 안에 알맞은 수를 구하시오.

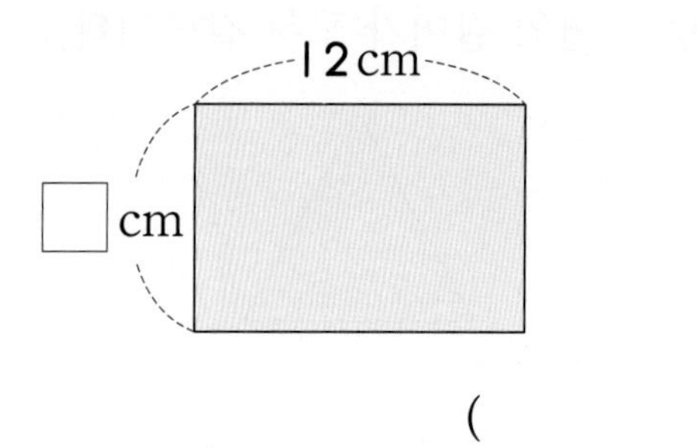

(   )

(정사각형의 둘레의 길이)=(한 변의 길이)×4

2 도형 가의 둘레의 길이는 도형 나의 둘레의 길이의 2배입니다. □ 안에 알맞은 수를 구하시오.

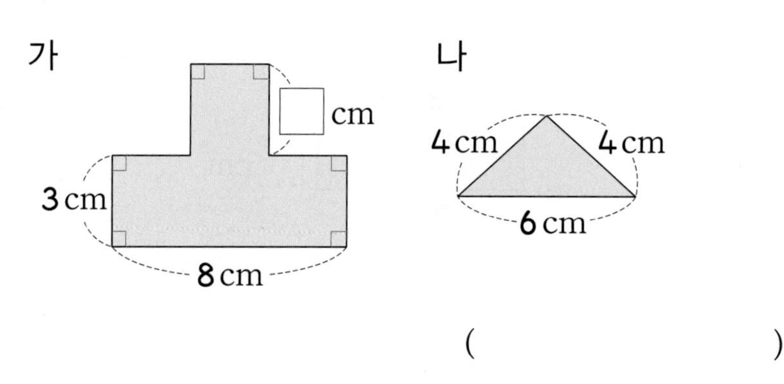

(   )

(도형 가의 둘레의 길이)=(4+4+6)×2

3 도형 가의 둘레의 길이와 정사각형 나의 둘레의 길이의 합은 40 cm입니다. □ 안에 알맞은 수를 구하시오.

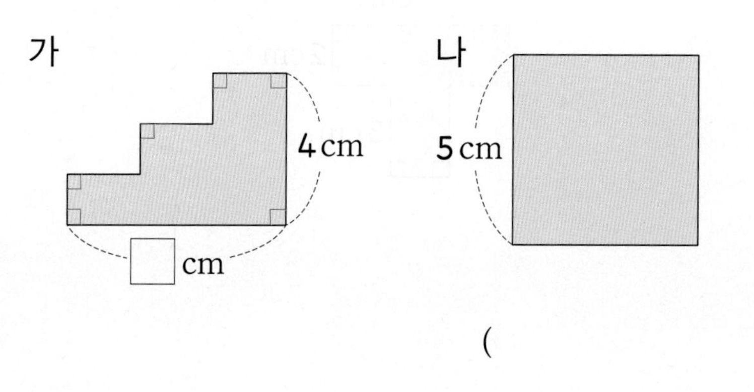

(   )

(도형 가의 둘레의 길이)=40−(도형 나의 둘레의 길이)

4 크기가 서로 다른 정사각형 4개를 겹치지 않게 이어 그린 것입니다. 굵은 선의 길이는 몇 cm입니까?

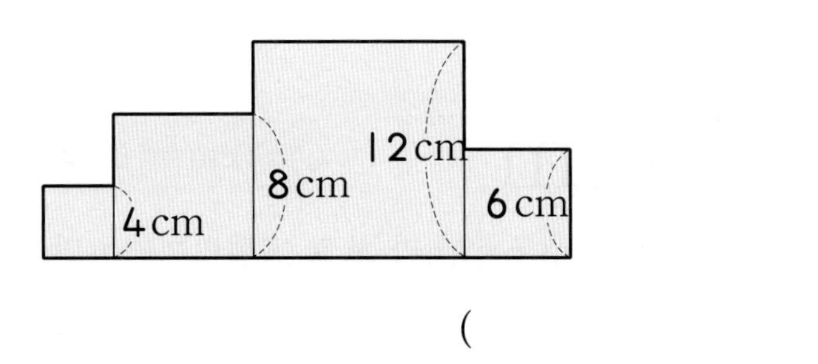

(　　　　　　　　　　)

5 3종류의 정사각형을 각각 2장씩 사용하여 오른쪽 도형을 만들었습니다. 선분 ㄴㅁ의 길이를 구하시오.

(　　　　　　　　　　)

ㄱ ㄹ 84 cm ㄴ ㅁ ㄷ 66 cm

가장 큰 정사각형, 두 번째로 큰 정사각형, 가장 작은 정사각형의 순서로 한 변의 길이를 알아봅니다.

6 한 변이 5 cm인 정사각형에 그림과 같이 정사각형을 겹치지 않게 계속 이어 붙여서 직사각형을 만들고 있습니다. 다섯 번째에 만들어지는 가장 큰 직사각형의 둘레의 길이를 구하시오.

5 cm 5 cm

첫 번째　두 번째　세 번째　네 번째 ……

(　　　　　　　　　　)

만들어지는 가장 큰 직사각형의 가로와 세로의 길이를 알아봅니다.

3. cm보다 작거나 큰 단위 알아보기

개념 확인

1. 1 mm 알아보기

- 1 cm에는 작은 눈금 10칸이 똑같게 나누어져 있습니다. 이 작은 눈금 한 칸의 길이를 1 mm라 쓰고, 1 밀리미터라고 읽습니다.

1 cm＝10 mm

- 5 cm보다 6 mm 더 긴 것을 5 cm 6 mm라 쓰고, 5센티미터 6밀리미터라고 읽습니다.
  5 cm 6 mm는 56 mm입니다.

2. 1 km 알아보기

- 1000 m를 1 km라 쓰고, 1 킬로미터라고 읽습니다.

1 km

1000 m＝1 km

- 4 km보다 300 m 더 긴 것을 4 km 300 m라 쓰고, 4킬로미터 300미터라고 읽습니다.
  4 km 300 m는 4300 m입니다.

3. 길이의 합 알아보기

- cm와 mm의 합

	cm	mm
	3 cm	8 mm
+	4 cm	7 mm
	7 cm	15 mm
	+1 cm ←	−10 mm
	8 cm	5 mm

mm 단위끼리의 합이 10이거나 10보다 크면 cm 단위로 받아올림합니다.

- km와 m의 합

	km	m
	2 km	500 m
+	3 km	600 m
	5 km	1100 m
	+1 km ←	−1000 m
	6 km	100 m

m 단위끼리의 합이 1000이거나 1000보다 크면 km 단위로 받아올림합니다.

4. 길이의 차 알아보기

- cm와 mm의 차

	cm	mm
	11	10
	~~12~~ cm	4 mm
−	9 cm	6 mm
	2 cm	8 mm

mm 단위끼리 뺄 수 없을 때에는 cm 단위에서 받아내림합니다.

- km와 m의 차

	km	m
	3	1000
	~~4~~ km	300 m
−	1 km	700 m
	2 km	600 m

m 단위끼리 뺄 수 없을 때에는 km 단위에서 받아내림합니다.

개념 익히기

1 □ 안에 알맞은 수를 써넣으시오.

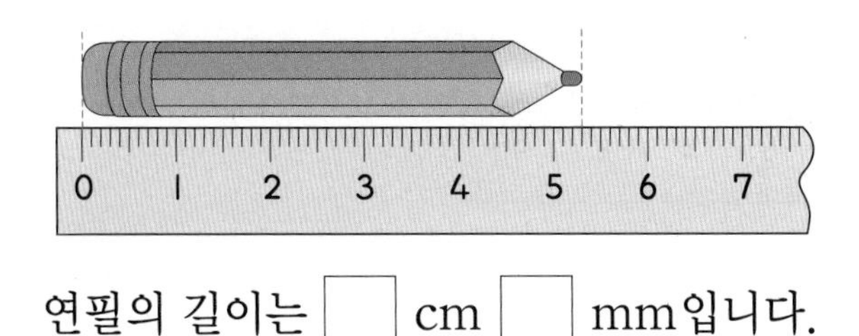

연필의 길이는 □ cm □ mm입니다.

2 □ 안에 알맞은 수를 써넣으시오.

(1) 3 cm=□ mm

(2) 40 mm=□ cm

(3) 7 cm 6 mm=□ mm

(4) 89 mm=□ cm □ mm

3 □ 안에 알맞은 수를 써넣고 읽어 보시오.

1 km	1 km	1 km	1 km	600 m

□ km □ m

(　　　　　　　　)

4 □ 안에 알맞은 수를 써넣으시오.

(1) 6 km=□ m

(2) 4000 m=□ km

(3) 2 km 700 m=□ m

(4) 5100 m=□ km □ m

5 계산을 하시오.

(1) 3 cm 6 mm+6 cm 2 mm

(2) 7 km 400 m+1 km 260 m

(3)
```
    4 cm  8 mm
  + 2 cm  9 mm
```

(4)
```
    3 km  880 m
  + 1 km  500 m
```

6 계산을 하시오.

(1) 7 cm 8 mm−1 cm 6 mm

(2) 5 km 380 m−2 km 200 m

(3)
```
    4 cm  5 mm
  − 1 cm  8 mm
```

(4)
```
    8 km  300 m
  − 1 km  850 m
```

7 한초네 집에서 학교를 지나 동민이네 집까지의 거리는 몇 km 몇 m입니까?

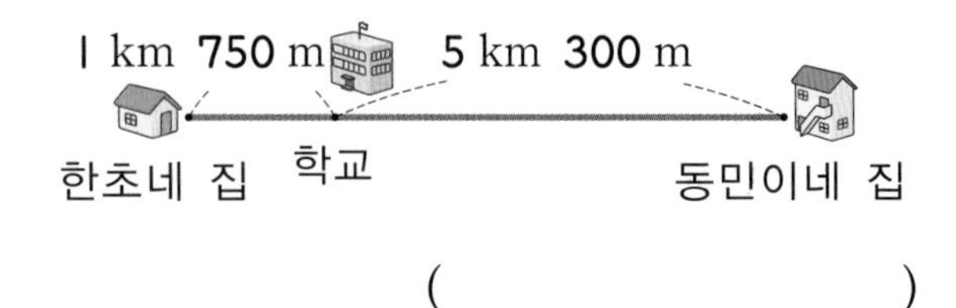

(　　　　　　　　)

동메달 따기

1 연필의 길이는 8 cm보다 몇 mm 더 깁니까?

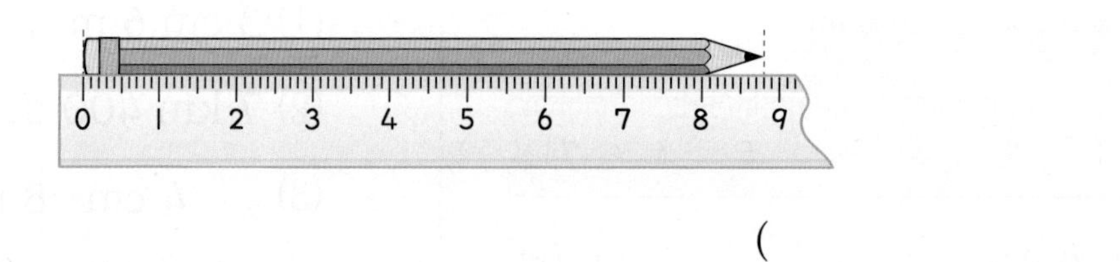

( )

2 □ 안에 알맞은 수를 써넣으시오.

> 상연이는 공부하고 있던 수학 문제집의 가로의 길이를 재어 보니 203 mm(㉠), 세로의 길이를 재어 보니 305 mm(㉡)였습니다.

㉠ □ cm □ mm, ㉡ □ cm □ mm

3 석기네 집에서 하늘공원에 가려면 버스를 타고 5180 m를 가야 합니다. 집에서 하늘공원까지의 거리는 몇 km 몇 m입니까?

( )

4 길이가 가장 긴 것부터 차례로 기호를 쓰시오.

㉠ 1 km 90 m ㉡ 940 cm ㉢ 1500 m ㉣ 950 cm 5 mm

(　　　　　　　　)

5 (나)는 (가)보다 몇 mm 더 깁니까?

(가)

(나)

(　　　　　　　　)

6 두 길이를 비교하여 ○ 안에 >, =, <를 알맞게 써넣으시오.

9 km 300 m − 6 km 800 m ○ 2600 m

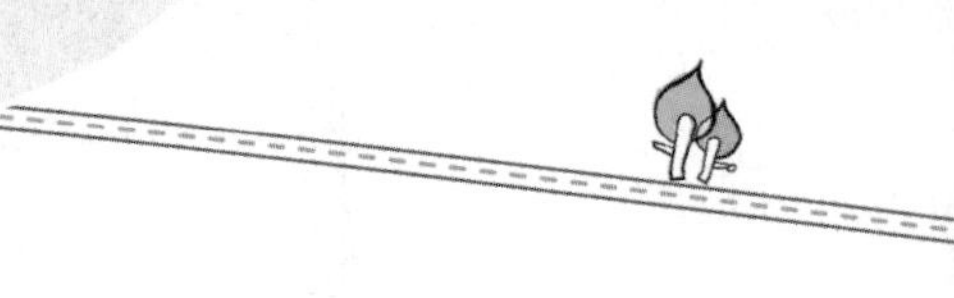

동메달 따기

7 다음을 보고 틀리게 말한 사람을 찾고 그 이유를 설명하시오.

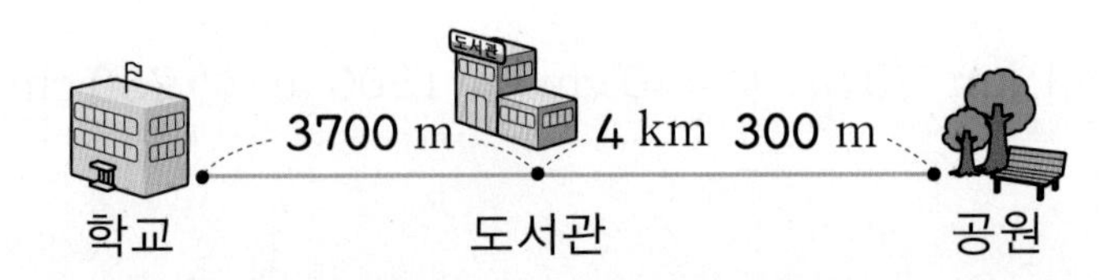

영수 : 학교에서 도서관까지의 거리는 3 km 700 m입니다.
규형 : 학교에서 도서관을 거쳐 공원까지의 거리는 8 km입니다.
예슬 : 도서관에서 학교까지의 거리는 도서관에서 공원까지의 거리보다 500 m 더 가깝습니다.

8 은주네 집에서 우체국을 거쳐 도서관까지의 거리는 몇 km 몇 m입니까?

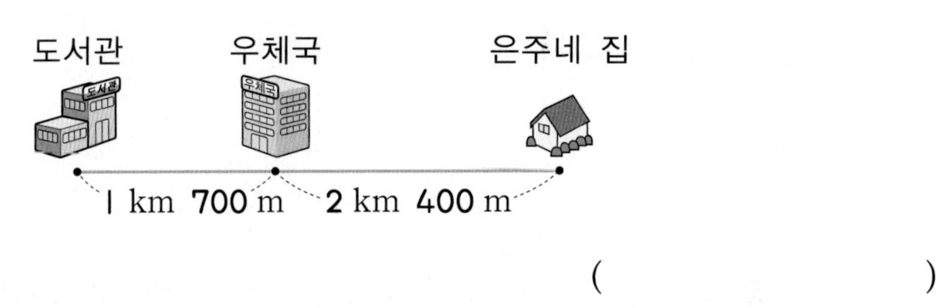

( )

9 두 개의 색 테이프를 겹치지 않게 붙였습니다. 노란색 테이프의 길이는 몇 cm 몇 mm입니까?

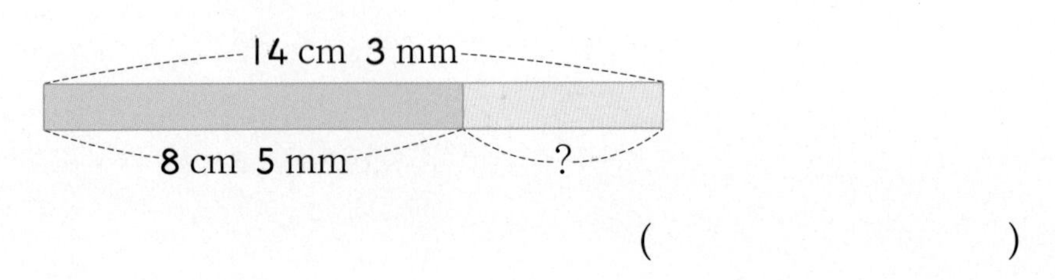

( )

10 어제는 비가 128 mm 내렸고, 오늘은 76 mm 내렸습니다. 어제와 오늘 내린 비는 모두 몇 cm 몇 mm입니까?

( )

11 두 개의 색 테이프를 겹쳐 붙였습니다. 두 색 테이프를 붙인 후의 길이는 몇 cm 몇 mm입니까?

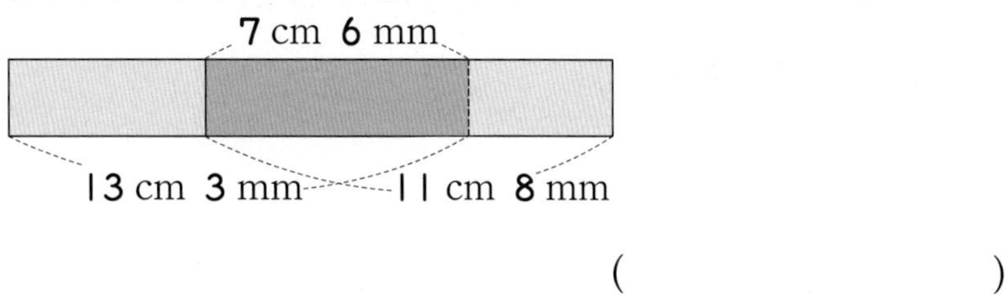

( )

12 꽃님 마을에서 달님 마을까지는 75 km 400 m이고, 꽃님 마을에서 별님 마을까지는 21 km 350 m입니다. 꽃님 마을에서 어느 마을까지의 거리가 몇 km 몇 m 더 멉니까?

( )

은메달 따기

1 길이가 가장 긴 것부터 차례로 기호를 쓰시오.

㉠ 3 km 280 m	㉡ 3200 m
㉢ 3 km 28 m	㉣ 3275 m

( )

2 3분에 4 km를 가는 자동차와 3분에 850 m를 가는 자전거가 있습니다. 자동차와 자전거가 일정한 빠르기로 6분 동안 간다면 자동차는 자전거보다 몇 km 몇 m를 더 갈 수 있습니까?

( )

3 한별이가 집을 나와 서점에서 책을 사고 병원에서 치료를 받은 후 다시 서점을 거쳐 집으로 돌아왔습니다. 한별이가 걸은 거리는 모두 몇 km 몇 m입니까?

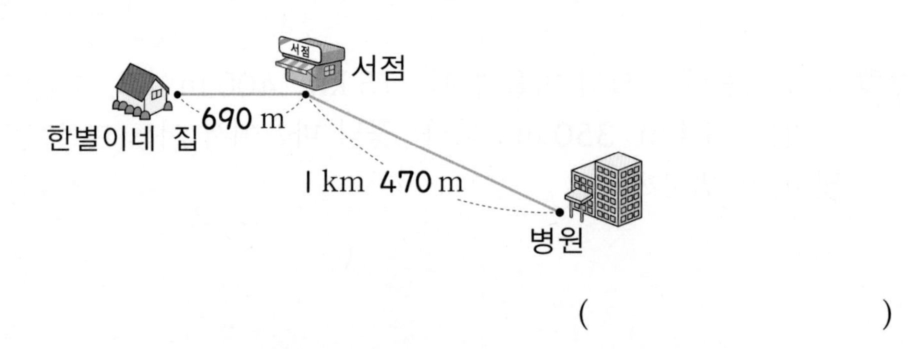

( )

4 오른쪽 그림에서 굵은 선의 길이는 몇 cm입니까?

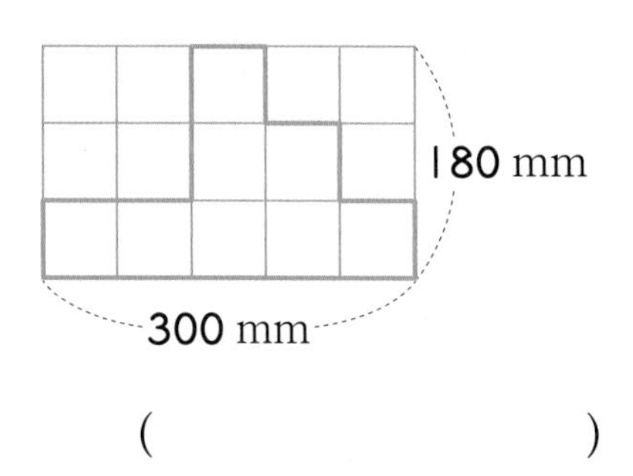

(　　　　　　　　　)

5 그림과 같이 길이가 30 cm인 테이프 5장을 26 mm씩 풀로 붙여 이으면 테이프의 전체 길이는 몇 cm 몇 mm가 됩니까?

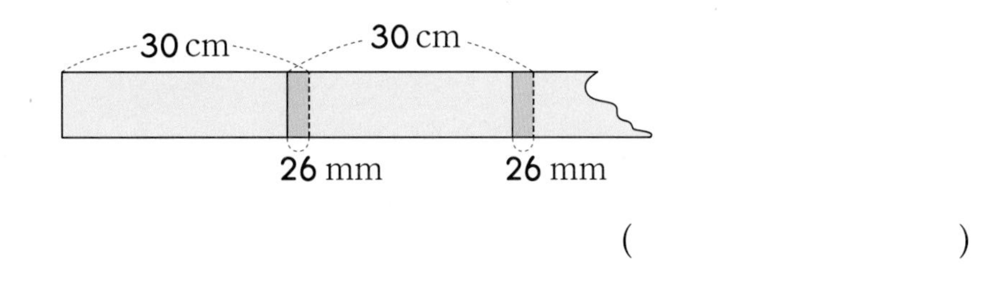

(　　　　　　　　　)

6 길이가 13 cm인 종이 테이프 4개를 이어 붙여 오른쪽과 같이 만들었습니다. 겹쳐지는 부분이 25 mm라면 색칠된 사각형의 네 변의 길이의 합은 몇 cm입니까?

(　　　　　　　　　)

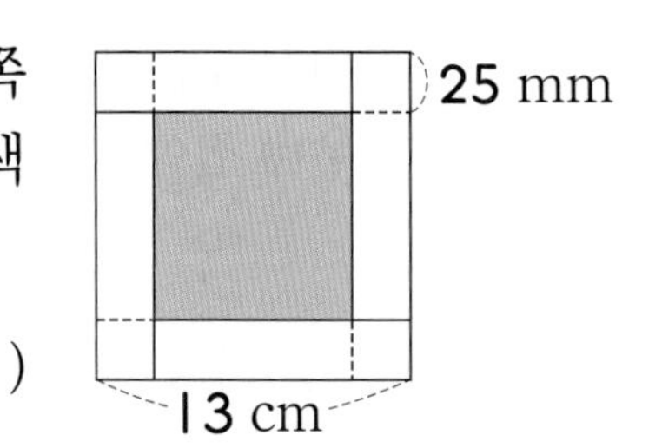

7 1분에 2 km를 가는 자동차와 1분에 600 m를 가는 자전거가 있습니다. 같은 빠르기로 자동차와 자전거가 3분 동안 간다면 자동차는 자전거보다 몇 m 더 갈 수 있습니까?

( )

8 길이가 40 cm인 종이 테이프 6장을 겹쳐진 부분이 같도록 이어 붙이려고 합니다. 테이프를 이을 때마다 겹쳐진 부분이 12 mm이면 6장을 이어 붙인 길이는 몇 cm입니까?

( )

9 현우는 공원에서 정현이를 만나기로 했습니다. 현우는 집에서 공원까지 같은 빠르기로 걸어서 7분이 걸립니다. 현우가 4분을 걸어왔는데 공원까지 240 m가 남았다면 현우네 집에서 공원까지의 거리는 몇 m입니까?

( )

10 토끼가 3 km 떨어진 옹달샘으로 물을 먹으러 가던 중 820 m 지점에서 사냥꾼을 만나 되돌아서 오던 길로 540 m를 달렸습니다. 옹달샘으로 다시 가려면 몇 km 몇 m를 더 가야 합니까?

( )

11 체육관에 환자가 발생하였습니다. 구급차가 병원을 출발하여 체육관까지 가장 빠른 길로 간다면 몇 km 몇 m 가면 됩니까?

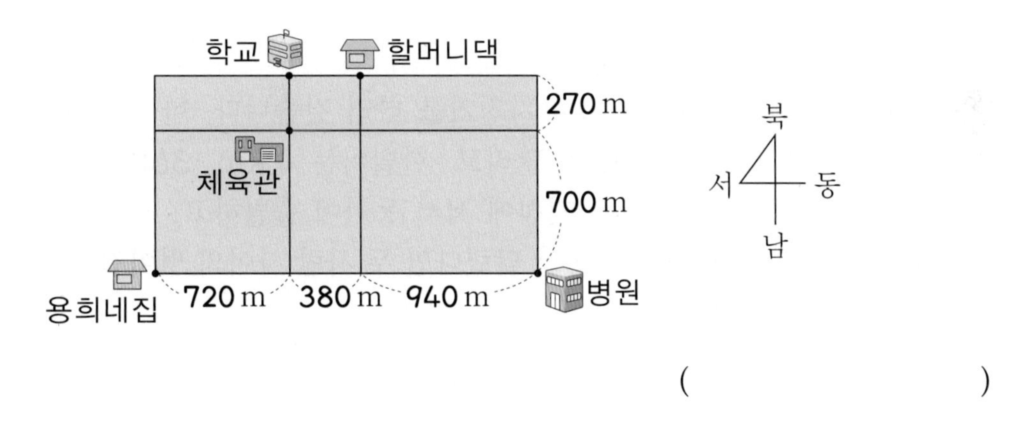

( )

12 가와 나는 크기가 같은 정사각형을 붙여 만든 도형입니다. 가장 작은 정사각형 한 개의 네 변의 길이의 합이 36 mm라면 가와 나 중 어느 도형의 굵은 선의 길이가 몇 cm 몇 mm 더 깁니까?

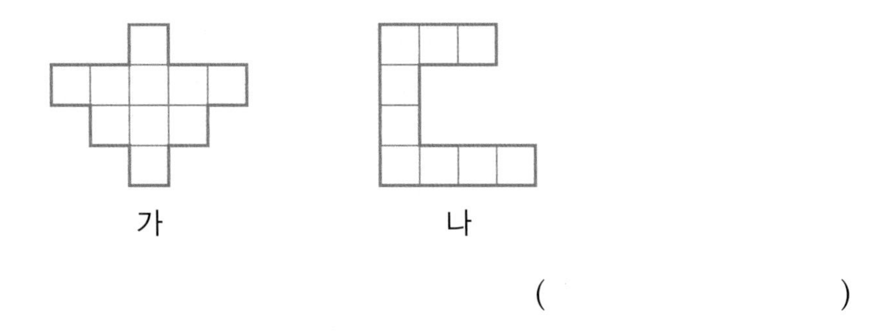

( )

금메달 따기

1 1시간 동안 상연이는 2 km 240 m를 걷고, 가영이는 1 km 960 m를 걷습니다. 두 사람이 같은 출발선에 서서 동시에 출발하고, 서로 반대 방향으로 4시간 30분 동안 걷는다면 두 사람 사이의 떨어진 거리는 몇 km 몇 m입니까?

(　　　　　　　　)

서로 반대 방향으로 걸었으므로 두 사람 사이의 거리는 두 사람이 걸은 거리의 합과 같습니다.

2 규형이와 한별이는 공원으로 자전거를 타러 갔습니다. 한 시간에 규형이는 3 km 880 m를 달리고, 한별이는 4 km 360 m를 달립니다. 두 사람이 같은 지점에 서서 동시에 출발하고, 서로 같은 방향으로 5시간 30분 동안 달렸다면 두 사람 사이의 떨어진 거리는 몇 km 몇 m입니까?

(　　　　　　　　)

서로 같은 방향으로 달렸으므로 두 사람 사이의 거리는 두 사람이 달린 거리의 차와 같습니다.

3 어떤 애벌레는 하루 동안 낮에는 52 cm 8 mm씩 기어서 올라가고, 밤에는 26 cm 5 mm씩 미끄러져 내려간다고 합니다. 이 애벌레가 일주일 동안 올라갈 수 있는 최고 높이는 몇 cm 몇 mm입니까?

(　　　　　　　　)

먼저 하루에 올라갈 수 있는 최고 높이는 몇 cm 몇 mm인지 알아봅니다.

생각의 샘

4 길이가 144 m인 도로의 한쪽에 그림과 같이 12 m 간격으로 가로등을 세우려고 합니다. 가로등을 처음과 끝에도 세울 때 가로등은 모두 몇 개가 필요합니까? (단, 가로등의 두께는 생각하지 않습니다.)

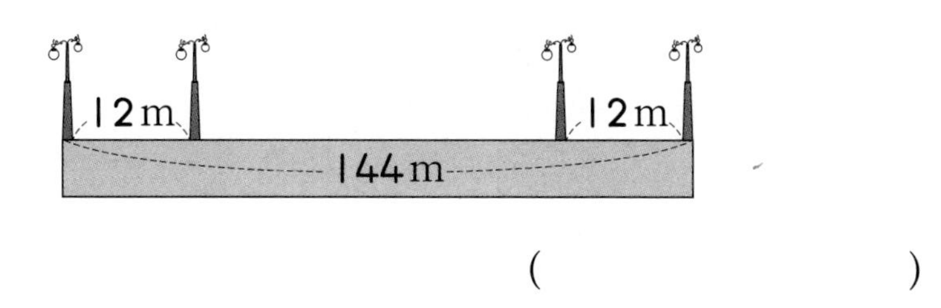

(　　　　　　　　)

(필요한 가로등 수)
=(간격 수)+1

5 길이가 25 cm인 종이 테이프를 4 mm씩 겹치게 붙여서 길이가 1 m보다 길고 1 m 25 cm보다 짧게 만들려고 합니다. 종이 테이프를 몇 장 붙여야 합니까?

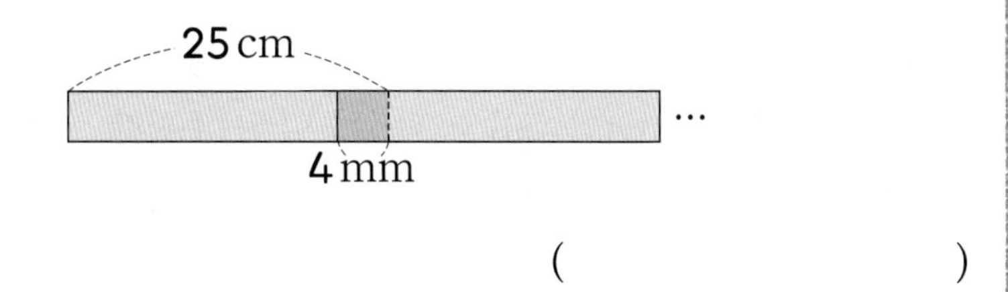

(　　　　　　　　)

겹쳐진 부분은 종이 테이프의 수보다 1 작습니다.

6 그림과 같이 직선인 길을 따라 ㉮에서 출발하여 ㉱까지 8 km 320 m를 간 다음 ㉯로 되돌아오고, 다시 ㉯에서 출발하여 ㉲까지 4880 m를 간 다음 ㉰로 되돌아왔습니다. 이동한 거리가 모두 19 km 860 m라면 ㉰에서 ㉱까지의 거리는 몇 m입니까?

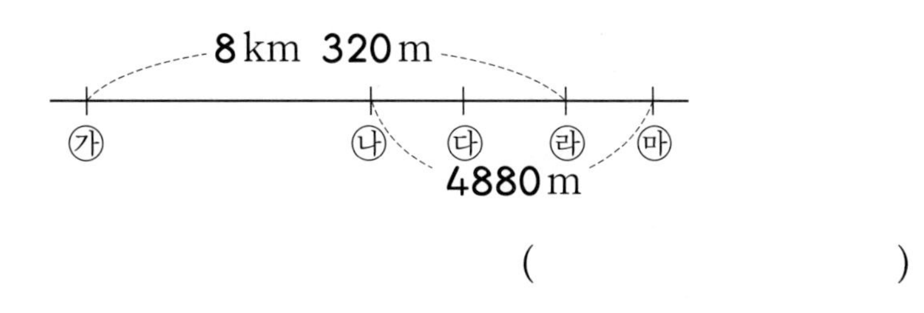

(　　　　　　　　)

이동하는 동안 한 번 지나간 곳, 두 번 지나간 곳, 세 번 지나간 곳을 구분하여 알아봅니다.

개념 확인

4. 시간의 계산 알아보기

1. 시각과 시간 알아보기

- '기차를 9시 20분에 탔다.'에서 '9시 20분'과 같이 어느 한 시점을 나타내는 것을 시각이라고 합니다.
- '9시 20분부터 11시 50분까지 2시간 30분 동안 기차를 탔다.'에서 '2시간 30분 동안'과 같이 어떤 시각에서 어떤 시각까지의 사이를 시간이라고 합니다.

2시간 30분

2. 초 알아보기

- 초바늘이 작은 눈금 한 칸을 지나는 데 걸리는 시간을 1초라고 합니다.
- 초바늘이 시계를 한 바퀴 도는 데 걸리는 시간은 60초이고, 60초는 1분입니다.

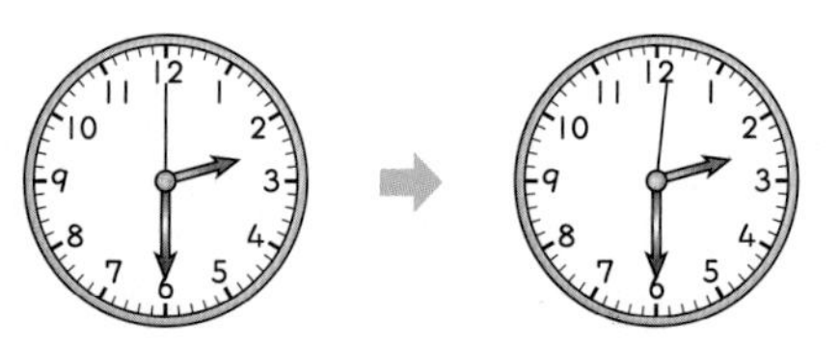

3. 시간의 합 알아보기

2시 40분+1시간 50분
=3시 90분
=3시 (60+30)분
=4시 30분

	시	분
	2시	40분
+	1시간	50분
	3시	90분
	+1시간 ←	−60분
	4시	30분

	시	분	초
	3시	50분	30초
+	1시간	25분	55초
	4시	75분	85초
		+1분 ←	−60초
	4시	76분	25초
	+1시간 ←	−60분	
	5시	16분	25초

➡ 초, 분 단위끼리의 합이 60이거나 60보다 크면 각각 분 단위, 시간 단위로 받아올림합니다.

4. 시간의 차 알아보기

5시 20분−4시 40분
=4시 80분−4시 40분
=(80−40)분
=40분

	시	분
	4	60
	~~5~~시	20분
−	4시	40분
		40분

	시	분	초
	8	60 / 20	60
	~~9~~시	~~21~~분	45초
−	6시	42분	52초
	2시간	38분	53초

➡ 초, 분 단위끼리 뺄 수 없을 때에는 각각 분 단위, 시간 단위에서 받아내림합니다.

개념 익히기

1 시각을 써 보시오.

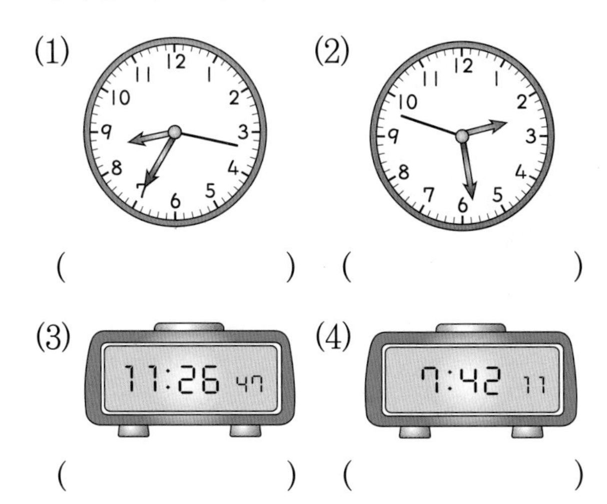

2 시계에 초바늘을 그려 보시오.

(1) 1시 20분 32초 (2) 2시 40분 51초

3 □ 안에 알맞은 수를 써넣으시오.

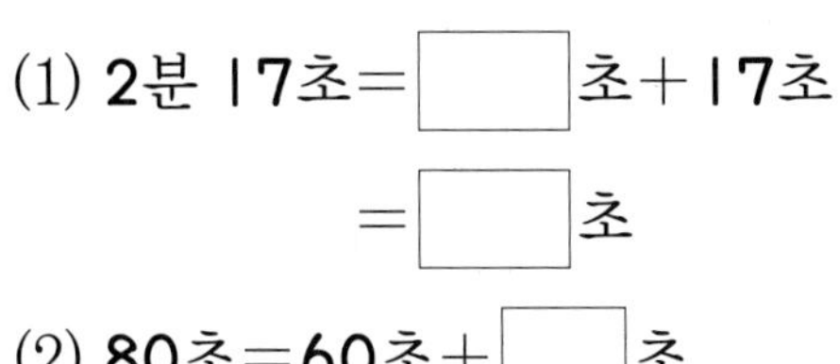

(1) 2분 17초=□초+17초

=□초

(2) 80초=60초+□초

=□분 □초

(3) 3분 45초=□초

(4) 280초=□분 □초

4 □ 안에 알맞은 수를 써넣으시오.

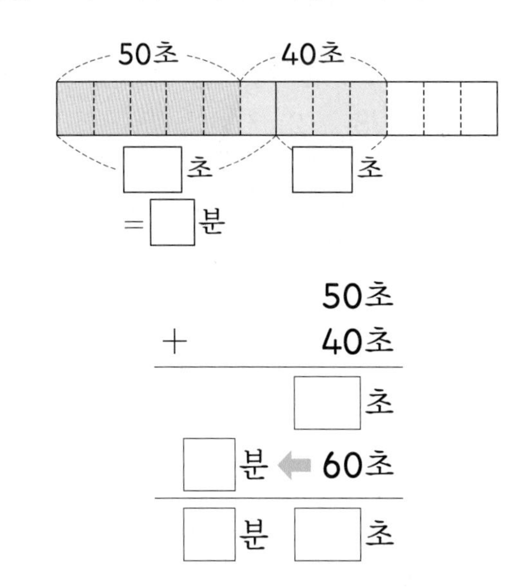

5 □ 안에 알맞은 수를 써넣으시오.

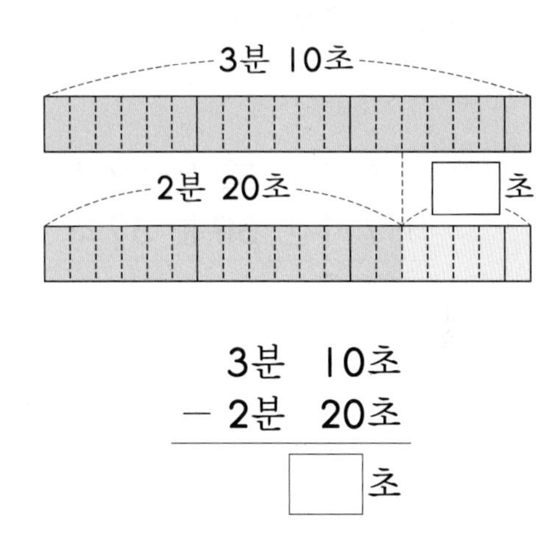

6 시간의 계산을 하시오.

(1)
$$\begin{array}{rr} & 6시\ 10분 \\ - & 20분 \\ \hline \end{array}$$

(2)
$$\begin{array}{rr} & 5시\ 35분 \\ - & 2시\ 40분 \\ \hline \end{array}$$

(3)
$$\begin{array}{rr} & 10시\ 18분\ 29초 \\ - & 5시\ 30분\ 49초 \\ \hline \end{array}$$

(4)
$$\begin{array}{rr} & 12시간\ 30분\ 14초 \\ - & 7시간\ 35분\ 40초 \\ \hline \end{array}$$

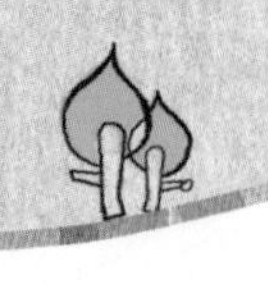

동메달 따기

1 시각을 읽어 보시오.

(1)
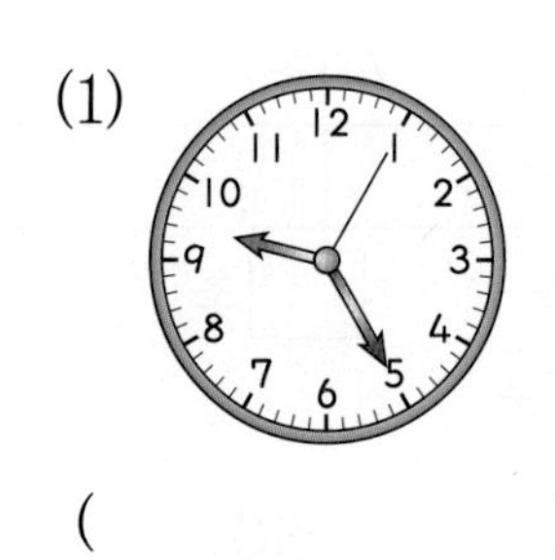
(　　　　　　　)

(2)
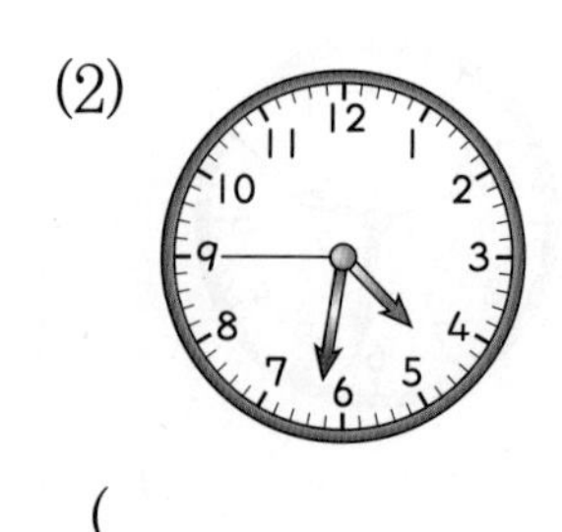
(　　　　　　　)

2 계산을 하시오.

(1) 5시 40분+35분

(2) 2시 20분+2시간 45분

(3)

	3시	52분	48초
+	7시간	39분	37초

(4)

	6시간	35분	53초
+	8시간	48분	49초

3 계산을 하시오.

(1) 6시 15분−35분

(2) 5시 25분−2시 50분

(3)

	4시	16분	40초
−	1시	38분	26초

(4)

	7시간	22분	16초
−	3시간	40분	26초

4 민지는 공부를 80분 동안 하였습니다. 공부를 끝낸 지금 시각이 5시 25분입니다. 민지가 공부를 시작한 시각은 몇 시 몇 분입니까?

( )

5 지하철이 가 역에서 나 역까지 가는 데 걸리는 시간은 1분 45초입니다. 2시 45분 55초에 가 역을 출발한 지하철이 나 역에 도착한 시각은 몇 시 몇 분 몇 초입니까?

( )

6 오른쪽 시계가 나타내는 시각에서 27분 32초 후의 시각은 몇 시 몇 분 몇 초입니까?

( )

7 교내 체육 대회가 2시간 50분 동안 진행되어 11시 40분에 끝났습니다. 교내 체육 대회는 몇 시 몇 분에 시작되었습니까?

( )

8 은경이네 아버지께서 단축마라톤 경기에 참가하셨습니다. 출발 시각은 7시 10분 25초이고 달린 시간은 1시간 55분 58초였습니다. 은경이네 아버지가 마라톤을 끝낸 시각을 구하시오.

( )

9 상연이가 운동장을 열 바퀴 도는 데 12분 38초가 걸렸습니다. 운동장을 열 바퀴 돌고 난 시각이 10시 7분 15초였다면 상연이가 운동장을 돌기 시작한 시각은 몇 시 몇 분 몇 초입니까?

( )

10 명운이는 오전 9시 15분 20초에 박물관을 향해 출발했습니다. 명운이가 출발한지 1시간 30분 55초 후에 박물관에 도착했다면 도착한 시각은 오전 몇 시 몇 분 몇 초가 됩니다까?

(   )

11 다음에서 공부를 가장 오랫동안 한 사람은 누구인지 설명하시오.

은주 : 3시에서 4시 40분까지
경희 : 4시 20분에서 7시까지
가연 : 1시 35분에서 4시까지

12 수학 숙제를 하는 데 주희는 1시간 27분 28초, 영주는 2시간 15분 30초가 걸렸습니다. 영주가 주희보다 숙제를 하는 데 얼마나 더 많은 시간이 걸렸습니까?

(   )

1 그림과 같이 기차로 서울역에서 대구역까지는 2시간 50분, 대구역에서 부산역까지는 1시간 25분이 걸립니다. 서울역에서 오전 9시 15분에 출발한 기차가 대구역을 지나 부산역에 도착했을 때의 시각은 오후 몇 시 몇 분입니까?

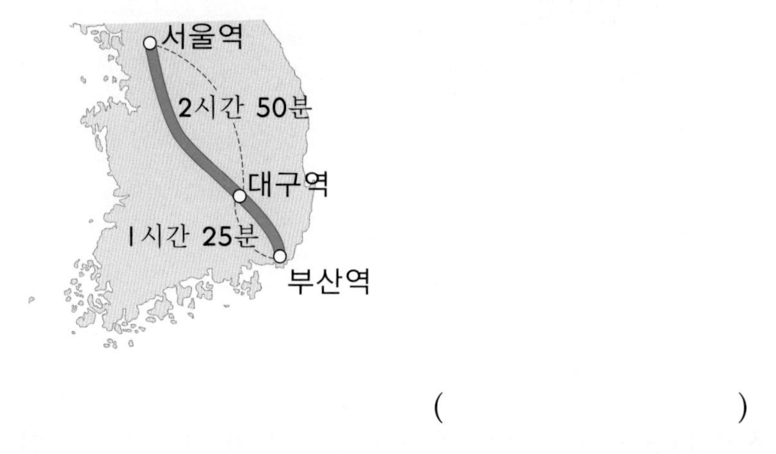

( )

2 하루에 2분 25초씩 늦어지는 시계가 있습니다. 이 시계를 5일 전 오전 8시에 맞추어 놓았습니다. 이 시계가 오늘 오전 8시에 가리키는 시각은 오전 몇 시 몇 분 몇 초입니까?

( )

3 영수는 현충사로 견학을 갔습니다. 8시 20분에 출발하여 11시 45분에 도착하였습니다. 그중 2시간 36분 동안은 걷거나 기차를 탔고, 나머지 시간은 버스를 탔습니다. 버스를 탄 시간은 몇 분입니까?

( )

4 가영이와 동생이 학교에 가려고 집에서 동시에 출발하였습니다. 가영이가 동생보다 11분 37초 빨리 학교에 도착하였고, 동생이 학교에 도착한 시각은 8시 28분 29초일 때 가영이가 학교에 도착한 시각을 구하시오.

( )

5 다음은 선아가 지난 주말에 공부한 시간에 대해 친구들과 나눈 대화입니다. 공부를 가장 오랫동안 한 사람은 누구입니까?

선아 : 얘들아, 난 오전 9시 20분부터 오전 11시 15분까지 공부를 했어.
은서 : 난 오후 2시부터 오후 5시 4분까지 했는데….
해민 : 그래? 난 오전 10시 30분부터 오후 1시 42분까지 했어.
선아 : 그럼 우리 중에 누가 가장 오랫동안 공부를 한걸까?

( )

6 지금 시계의 초침이 숫자 12를 가리키고 있습니다. 초침이 시계를 9바퀴 돌고 나서 숫자 5의 위치에 있다면 몇 초가 지난 것입니까?

( )

7 호진이는 월요일에 40분 동안 책을 읽었습니다. 매일 전날보다 15분씩 더 오래 책을 읽는다면 그 주의 금요일에는 몇 시간 몇 분 동안 책을 읽게 됩니까?

( )

8 시윤이네 가족은 노래방에 가서 노래를 불렀습니다. 아버지가 3분 17초, 어머니가 2분 40초, 시윤이가 2분 58초 동안 쉬지 않고 노래를 불렀을 때 세 사람이 노래를 부른 시간은 모두 몇 분 몇 초입니까?

( )

9 은서와 윤주는 서울에 있는 암사동 선사주거지를 보기 위해 오전 10시에 매표소 앞에서 만나기로 하였습니다. 은서는 약속 시간 8분 20초 전에 매표소 앞에 도착하였고, 윤주는 은서가 도착한 후 19분 40초 후에 도착하였습니다. 윤주가 매표소 앞에 도착한 시각은 몇 시 몇 분 몇 초입니까?

( )

10 승혜네 학교는 9시 20분에 1교시 수업을 시작합니다. 수업 시간은 40분이고, 쉬는 시간은 10분입니다. 4교시 수업 시간이 끝난 후 점심을 먹는다면 점심 시간이 시작되는 시각은 몇 시 몇 분입니까?

(　　　　　　　　)

11 어느 날 해가 뜬 시각은 오전 6시 54분 39초이고, 해가 진 시각은 오후 6시 32분 27초입니다. 낮의 길이는 몇 시간 몇 분 몇 초입니까?

(　　　　　　　　)

12 모자 공장에서 모자 한 개를 만드는 데 32분 7초가 걸립니다. 오후 3시 50분부터 모자 8개를 만들고 난 후의 시각은 몇 시 몇 분 몇 초입니까?

(　　　　　　　　)

금메달 따기

생각의 샘

1 권투는 한 경기가 3라운드로 한 라운드에 3분씩 하고, 한 라운드가 끝나면 1분을 쉽니다. 오후 7시 50분에 경기가 시작되어 모두 7경기가 이루어진다면 경기가 끝나는 시각은 언제입니까? (단, 경기와 경기 사이에는 5분의 준비 시간이 있습니다.)

( )

한 경기를 끝내는 데는 11분이 걸립니다.

2 두준이는 2시간 50분 동안 산에 올라갔다 내려왔더니 오후 3시 40분이었습니다. 산을 올라갈 때가 내려올 때보다 50분이 더 걸렸다면 두준이가 산의 정상에 있었을 때의 시각은 오후 몇 시 몇 분입니까? (단, 정상에서는 쉬지 않았습니다.)

( )

산을 올라가는 데 걸린 시간과 내려오는 데 걸린 시간을 알아봅니다.

3 1시간에 4초씩 늦어지는 시계가 있습니다. 이 시계를 오전 10시에 정확히 맞춘 후에 4일이 지나서 오후 10시가 되었을 때, 이 시계는 오후 몇 시 몇 분 몇 초를 가리키는지 설명하시오.

하루는 24시간입니다.

생각의 샘

4 어느 날 해뜨는 시각은 오전 5시 28분 57초이고, 해지는 시각은 오후 6시 42분 28초입니다. 낮의 길이와 밤의 길이의 차는 몇 시간 몇 분 몇 초입니까?

(　　　　　　　　　　)

오후 ■시는 (12+■)시로 나타낼 수 있습니다.

5 지혜의 시계는 하루에 96초씩 늦어진다고 합니다. 오전 8시에 시계를 정확히 맞춰 놓으면 14시간 후 지혜의 시계는 오후 몇 시 몇 분 몇 초를 나타냅니까?

(　　　　　　　　　　)

한 시간에 몇 초씩 늦어지는지 알아봅니다.

6 인천 버스터미널에서 대전까지 가는 첫 버스가 오전 5시 45분에 있고, 40분 간격으로 출발한다고 합니다. 인천 버스터미널에서 대전까지 가는 버스는 오전 5시 45분부터 오후 1시까지 모두 몇 대 출발하게 됩니까?

(　　　　　　　　　　)

(버스의 수)
=(간격의 개수)+1

5. 원 알아보기

개념 확인

1. 원을 만드는 여러 가지 방법

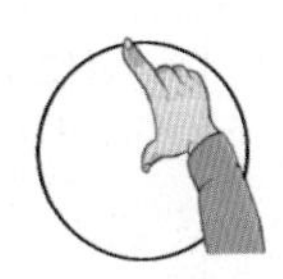

손가락을 이용하여 만들기

실에 단추를 매달아 만들기

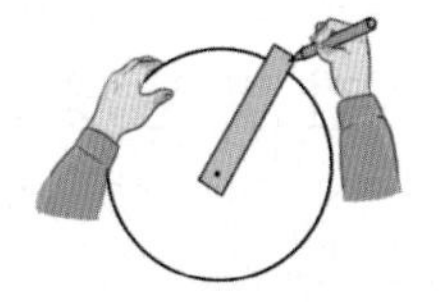

띠 종이와 누름 못을 이용하여 만들기

2. 원의 중심, 반지름, 지름

- 원의 가장 안쪽에 있는 점을 원의 중심이라 하고, 원의 중심과 원 위의 한 점을 이은 선분을 원의 반지름이라고 합니다.
- 원 위의 두 점을 이은 선분이 원의 중심 ㅇ을 지날 때, 이 선분을 원의 지름이라고 합니다.

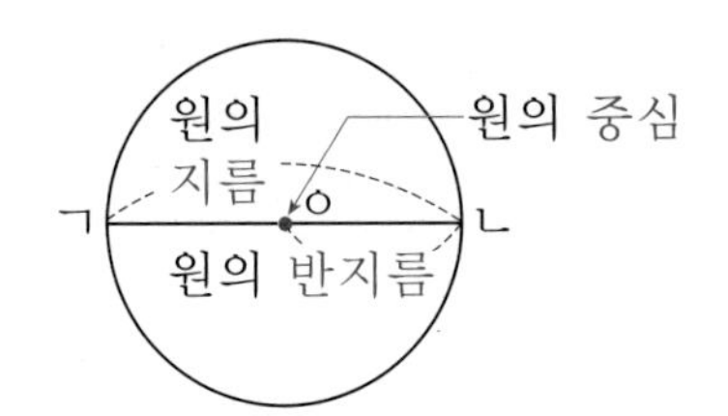

3. 원의 지름

- 원을 둘로 똑같이 나누는 선분입니다.
- 원 안에 그을 수 있는 가장 긴 선분입니다.
- 원의 중심을 지나는 선분입니다.

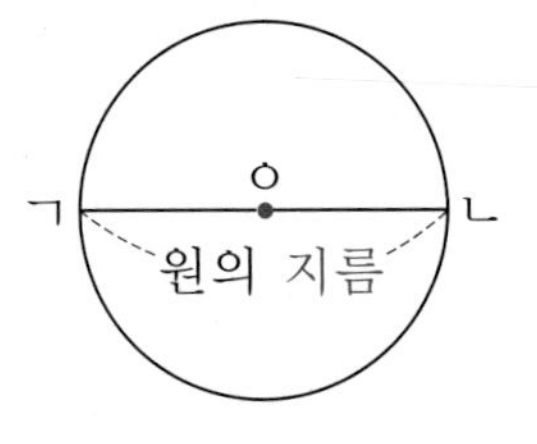

4. 원의 지름과 반지름의 관계

- 한 원에서 원의 지름은 원의 반지름의 2배입니다.
- 한 원에서 원의 반지름의 길이는 원의 지름의 길이의 반입니다.

5. 컴퍼스를 사용하여 반지름이 1 cm인 원 그리기

ㅇ

원의 중심이 되는 점 ㅇ을 정합니다.

➡

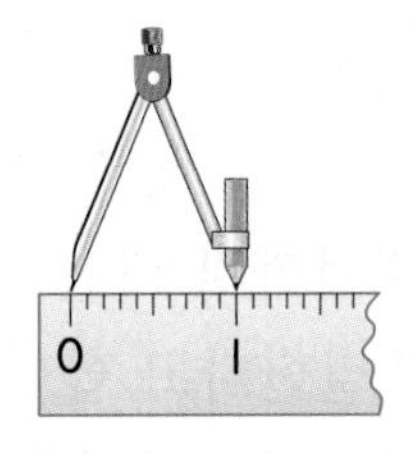

컴퍼스를 1 cm만큼 벌립니다.

➡

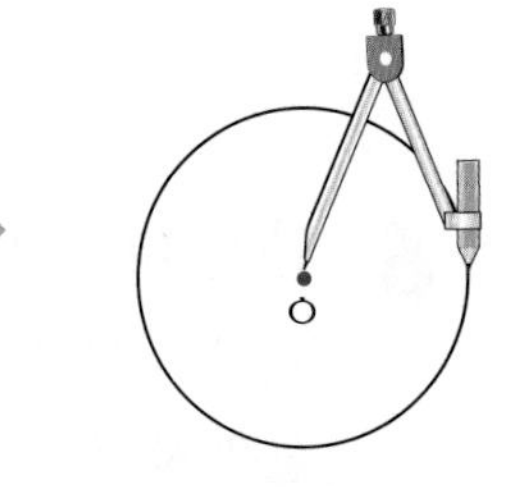

컴퍼스의 침을 점 ㅇ에 꽂고 원을 그립니다.

6. 규칙을 찾아 원 그리기

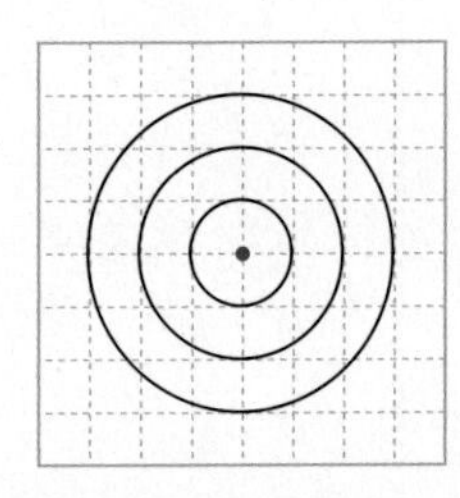

➡ 원의 중심은 같고 반지름이 한 칸씩 늘어나는 규칙입니다.

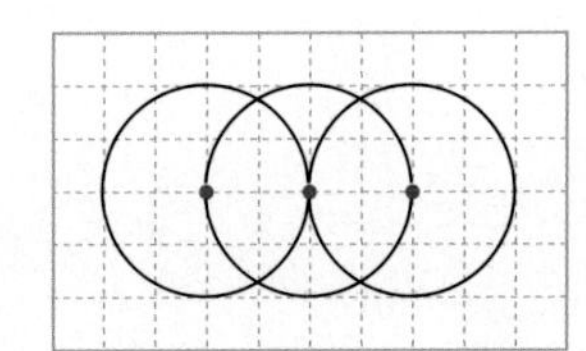

➡ 반지름은 변하지 않고, 원의 중심이 오른쪽으로 2칸씩 옮겨가는 규칙입니다.

개념 익히기

1 그림과 같이 원을 그렸습니다. 이때, 누름 못이 꽂혔던 점을 무엇이라고 합니까?

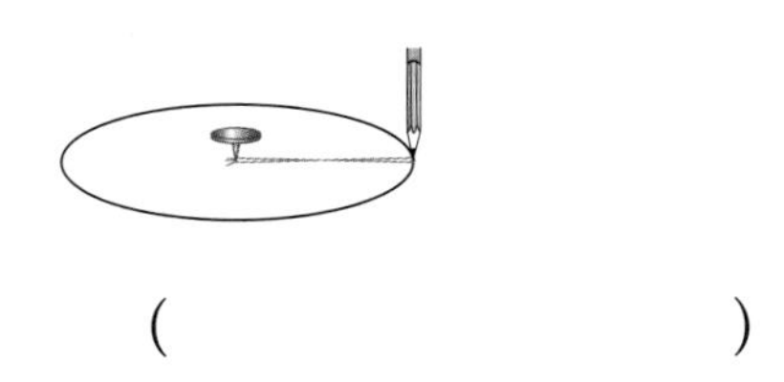

( )

2 그림에서 점 ㅇ은 원의 중심입니다. 원의 반지름은 어느 것입니까?

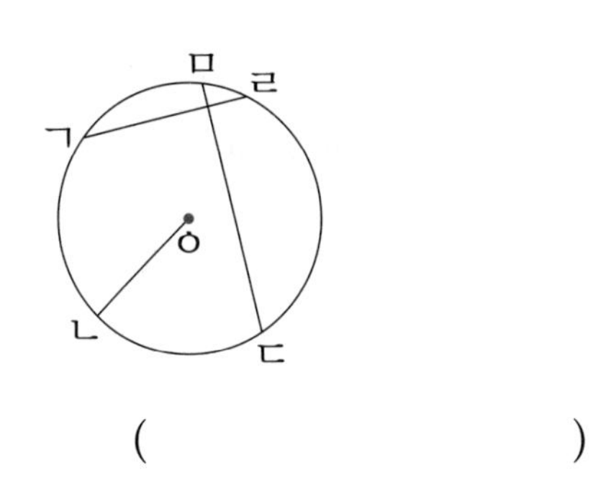

( )

3 길이가 가장 긴 선분을 찾아 쓰시오.

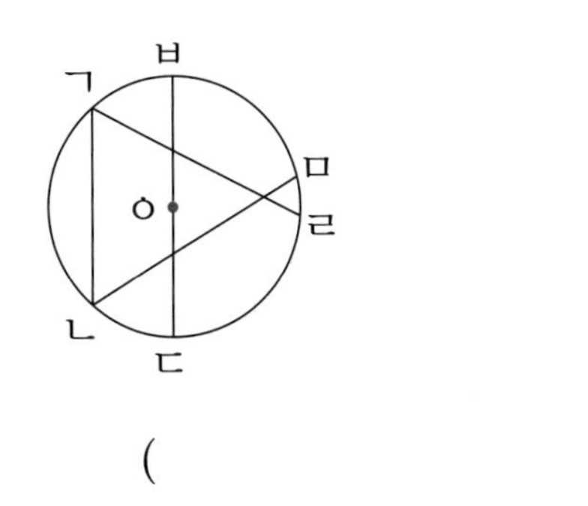

( )

4 그림에서 원의 지름의 길이는 몇 cm입니까?

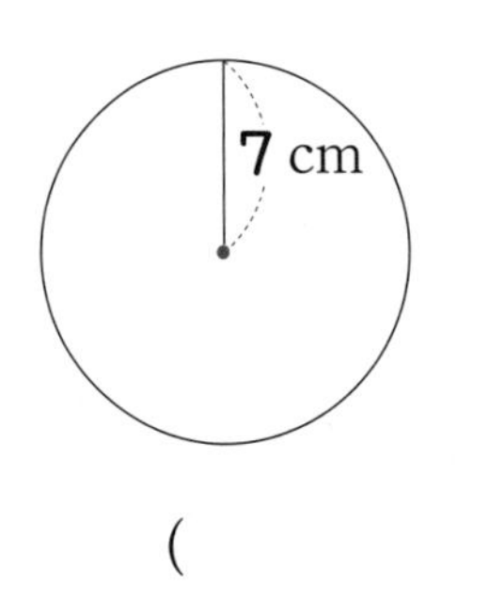

( )

5 모눈종이 위에 반지름을 1칸씩 늘려 가며 차례로 원을 2개 더 그리시오.

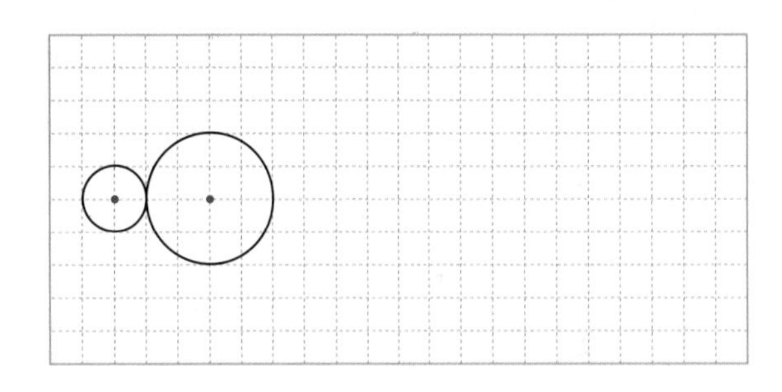

6 그림에서 3개의 원은 크기가 같은 원입니다. 선분 ㄱㄴ의 길이는 몇 cm입니까?

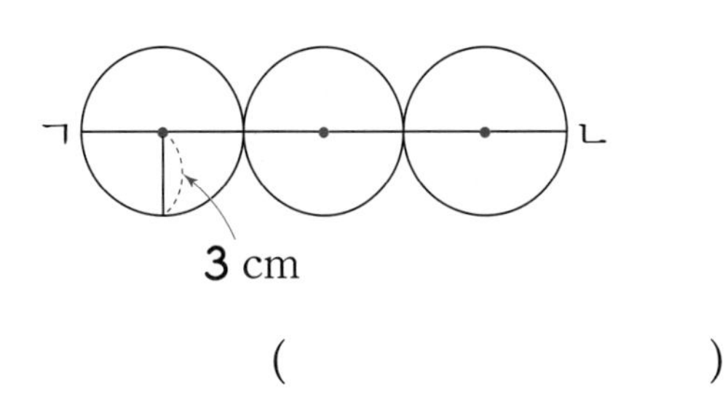

( )

동메달 따기

1 원의 중심은 어느 점입니까?

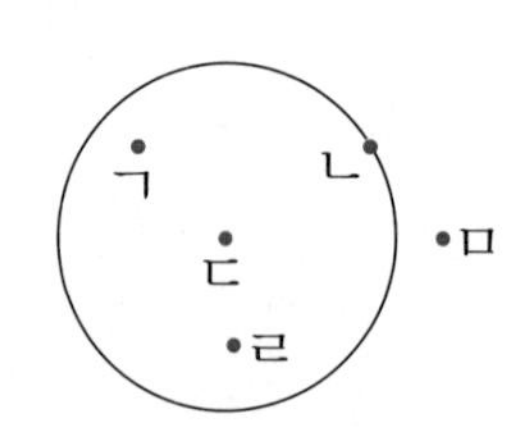

( )

2 한 원에서 지름은 몇 개까지 그을 수 있습니까? ( )

① 2개 ② 3개 ③ 4개
④ 1개 ⑤ 무수히 많이 그을 수 있습니다.

3 누름 못을 원의 중심으로 하고, 반지름이 가장 짧은 원을 그리려고 합니다. 연필은 어느 곳에 꽂아야 합니까? ( )

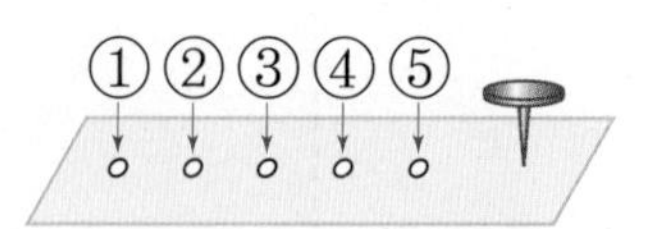

4 오른쪽 그림과 같이 한 변의 길이가 8 cm인 정사각형 안에 가장 큰 원을 그렸습니다. 원의 반지름은 몇 cm입니까?

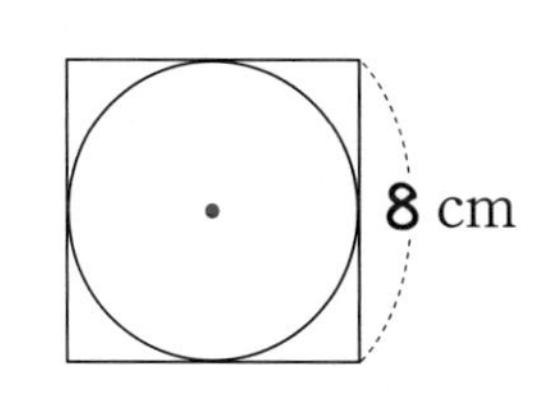

( )

5 오른쪽 그림은 크기가 같은 원을 겹쳐서 그린 것입니다. 원의 중심은 모두 몇 개입니까?

( )

6 오른쪽 그림에서 작은 원의 반지름이 2 cm라면 큰 원의 지름은 몇 cm입니까?

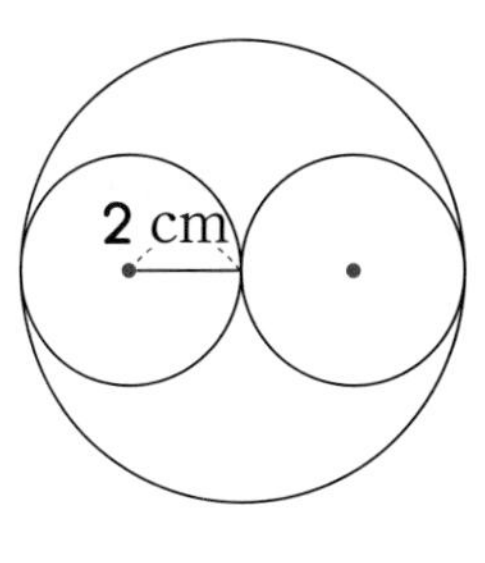

( )

7 크기가 같은 원 3개를 서로 중심이 지나도록 겹쳐서 그린 것입니다. 선분 ㄱㄴ의 길이는 몇 cm입니까?

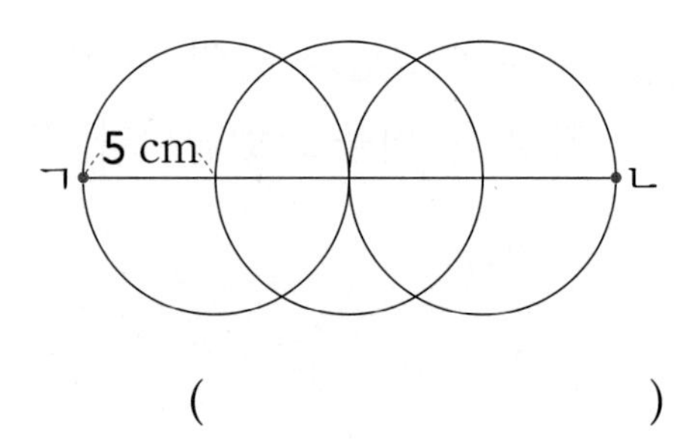

( )

8 오른쪽 그림은 반지름이 4 cm인 원 6개를 맞닿게 그린 것입니다. 사각형 ㄱㄴㄷㄹ의 네 변의 길이의 합은 몇 cm입니까?

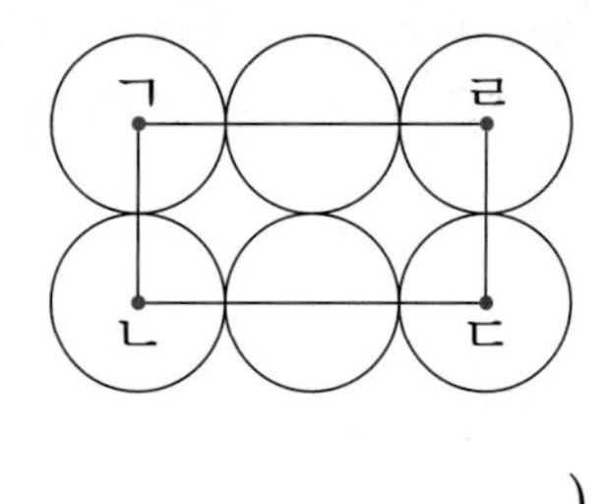

( )

9 직사각형 안에 크기가 같은 원 5개를 맞닿게 이어 붙여서 그린 것입니다. 직사각형의 네 변의 길이의 합은 몇 cm입니까?

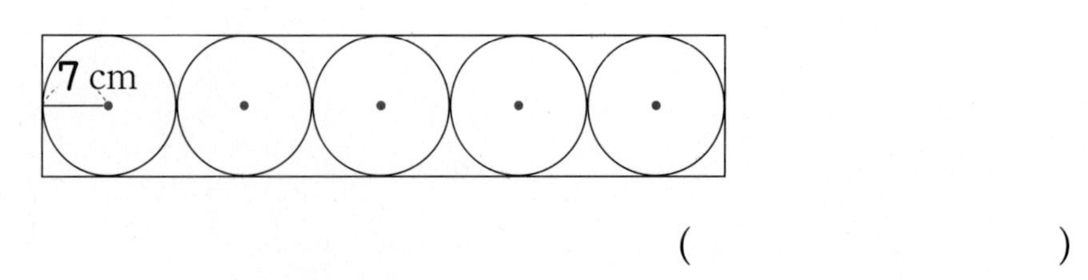

( )

10 오른쪽 그림과 같이 크기가 같은 원 4개의 중심을 이어 네 변의 길이가 같은 사각형을 만들었습니다. 사각형의 네 변의 길이의 합이 48 cm일 때 원의 반지름은 몇 cm입니까?

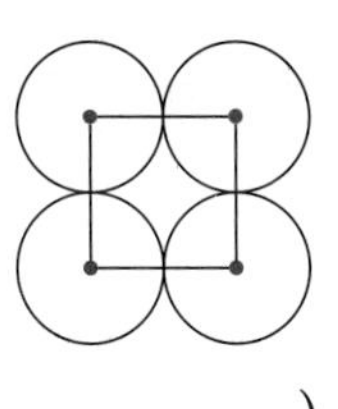

( )

11 한 변의 길이가 24 cm인 정사각형 안에는 반지름이 4 cm인 원을 겹치지 않게 모두 몇 개까지 그릴 수 있습니까?

( )

12 (가)는 네 변의 길이의 합이 72 cm인 정사각형 안에 원을 그린 것이고, (나)는 지름의 길이가 14 cm인 원입니다. (가) 원의 반지름은 (나) 원의 반지름보다 몇 cm 더 깁니까?

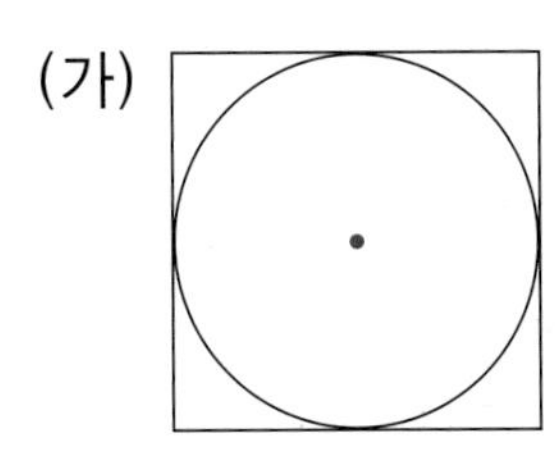

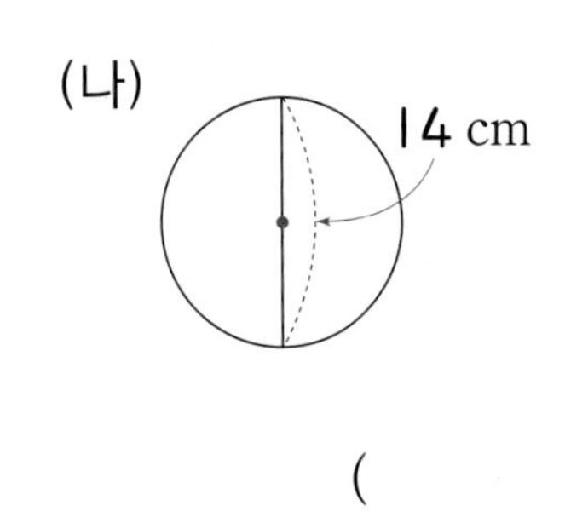

( )

1 컴퍼스를 사용하여 다음 도형을 그렸습니다. 원의 중심은 모두 몇 개입니까?

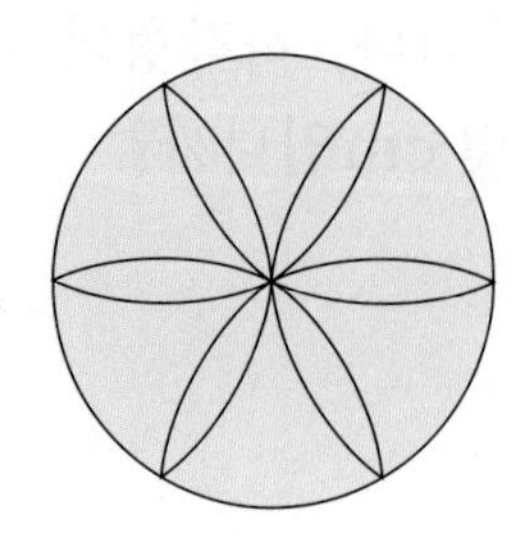

(　　　　　　　　　　)

2 다음 그림에서 사각형 ㄱㄴㄷㄹ의 둘레의 길이는 몇 cm입니까?

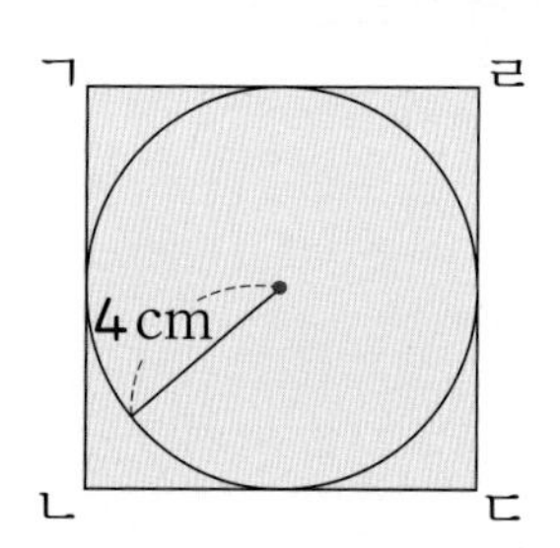

(　　　　　　　　　　)

3 다음 그림은 반지름이 5cm인 원 6개를 맞닿게 그린 것입니다. 삼각형 ㄱㄴㄷ의 세 변의 길이의 합은 몇 cm입니까?

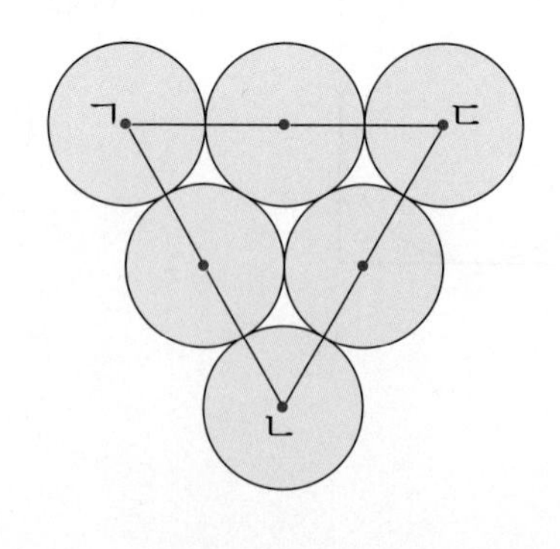

(　　　　　　　　　　)

4 다음 그림에서 점 ㄴ, 점 ㄹ은 두 원의 중심입니다. 원의 반지름이 12 cm라면, 사각형 ㄱㄴㄷㄹ의 네 변의 길이의 합은 몇 cm입니까?

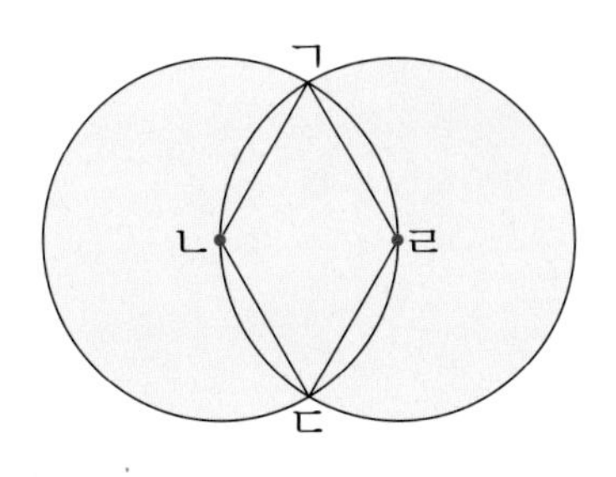

(　　　　　　　　)

5 오른쪽 그림에서 가장 큰 원의 지름이 32 cm일 때 선분 ㄴㄷ의 길이를 구하시오.

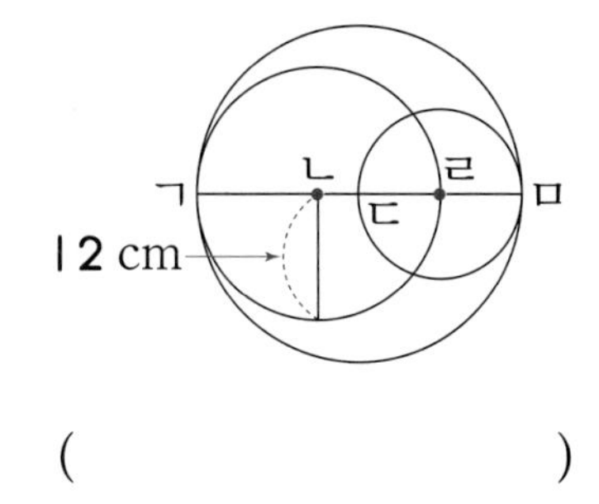

(　　　　　　　　)

6 오른쪽 그림에서 선분 ㄱㄹ은 두 원의 중심을 지나는 선분입니다. 선분 ㄱㄹ의 길이는 몇 cm입니까?

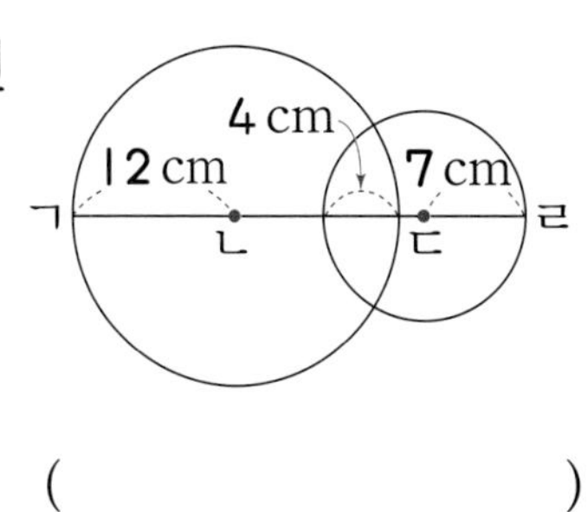

(　　　　　　　　)

은메달 따기

7 오른쪽 그림에서 원의 반지름이 5 cm입니다. 사각형 ㄱㄴㄷㄹ의 네 변의 길이의 합은 몇 cm입니까?

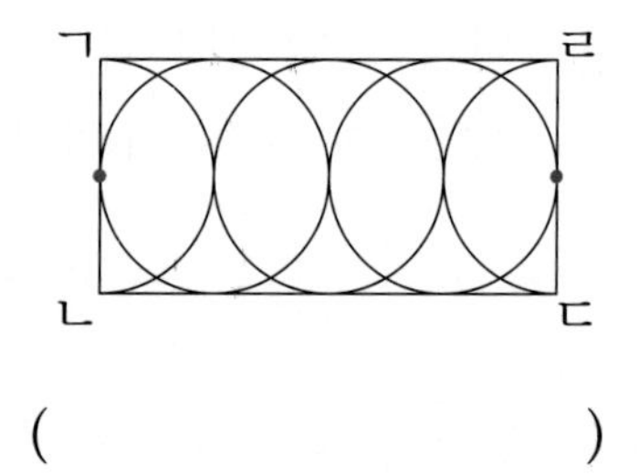

(　　　　　　　　　　)

8 오른쪽 그림은 세 원의 중심을 이어서 그린 삼각형입니다. 이 삼각형의 세 변의 길이의 합은 몇 cm입니까?

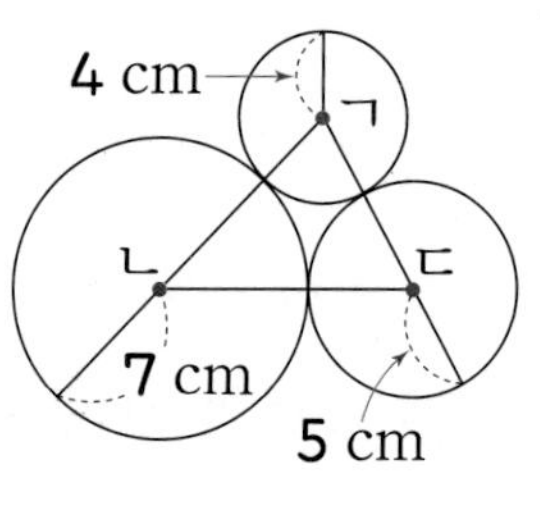

(　　　　　　　　　　)

9 오른쪽 그림에서 정사각형의 네 변의 길이의 합은 몇 cm입니까?

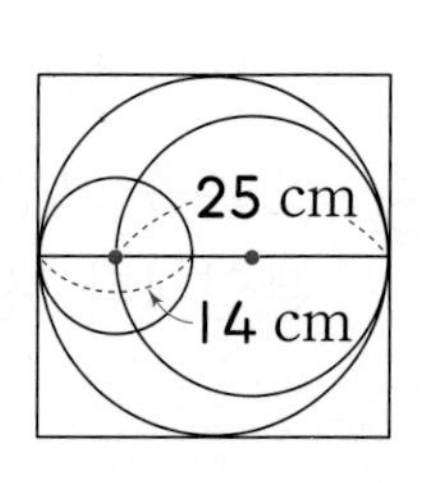

(　　　　　　　　　　)

10 오른쪽 그림은 두 원의 만난 점과 두 원의 중심을 이어서 사각형 ㄱㄴㄷㄹ을 그린 것입니다. 이 사각형의 네 변의 길이의 합은 몇 cm입니까?

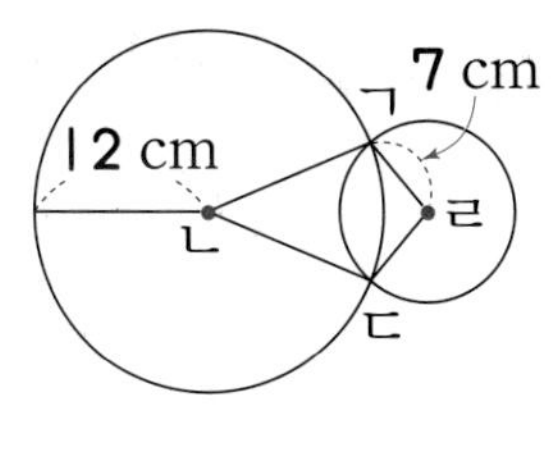

(　　　　　　　)

11 오른쪽 그림에서 큰 원의 지름이 18 cm일 때 선분 ㄱㅁ의 길이는 몇 cm입니까?

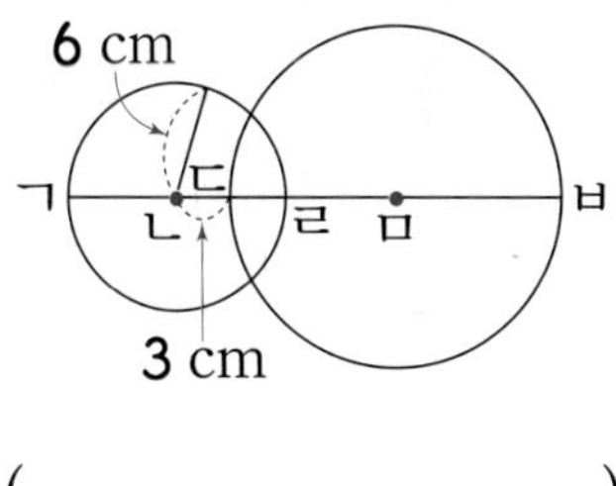

(　　　　　　　)

12 오른쪽 그림에서 큰 원의 반지름은 8 cm이고, 두 개의 작은 원은 크기가 같습니다. 세 원의 중심을 연결하여 만든 삼각형 ㄱㄴㄷ의 세 변의 길이의 합이 32 cm일 때 작은 원의 반지름은 몇 cm입니까?

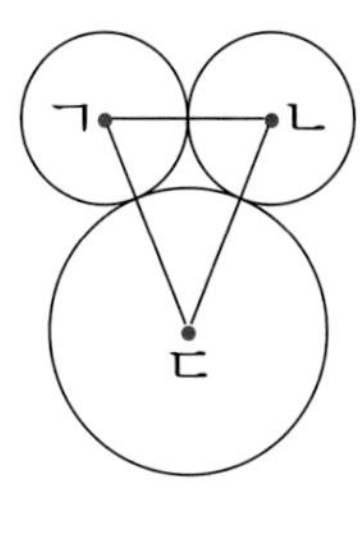

(　　　　　　　)

금메달 따기

생각의 샘

1 오른쪽 원 안의 삼각형 ㄱㅇㄴ의 둘레의 길이가 20 cm라면 원의 지름은 몇 cm입니까?

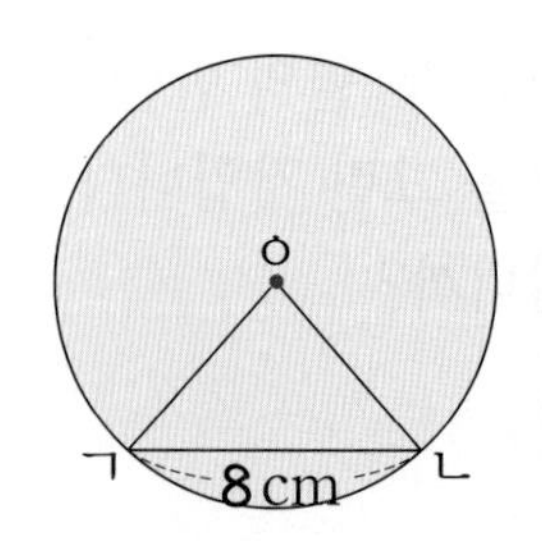

(　　　　　　　　　　)

삼각형 ㄱㅇㄴ은 두 변의 길이가 같은 삼각형입니다.

2 다음 그림은 지름이 8 cm인 원 7개를 맞닿게 그린 것입니다. 굵은 선의 길이는 몇 cm입니까?

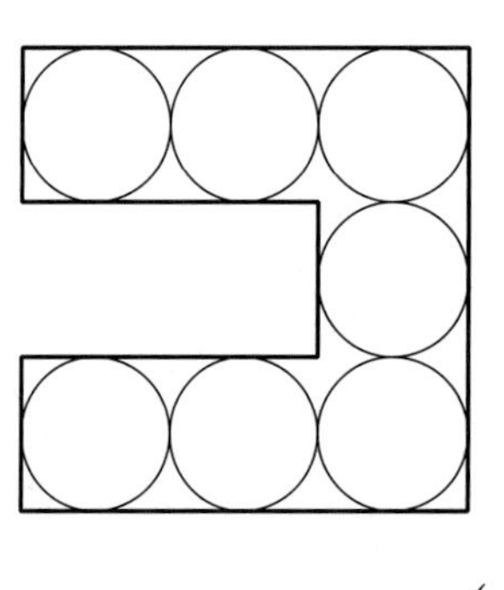

(　　　　　　　　　　)

도형의 각 변의 길이와 원의 지름과의 관계를 살펴봅니다.

3 다음 그림과 같이 크기가 같은 두 개의 원을 그렸습니다. 점 ㄱ과 점 ㄴ은 원의 중심이며 점 ㄷ은 두 원이 만나는 점입니다. 삼각형 ㄱㄴㄷ의 둘레의 길이가 27 cm일 때 원의 지름은 몇 cm입니까?

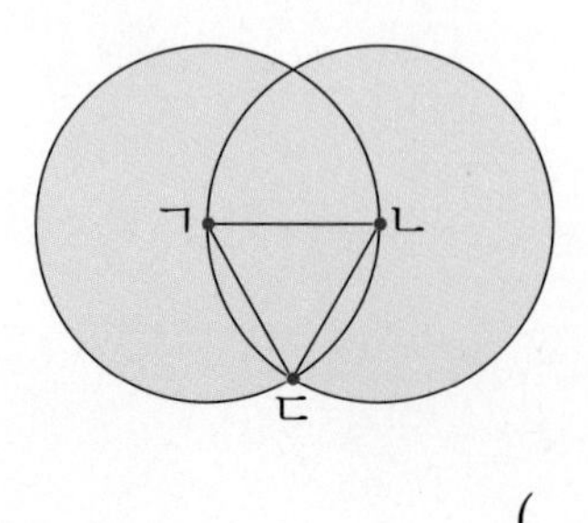

(　　　　　　　　　　)

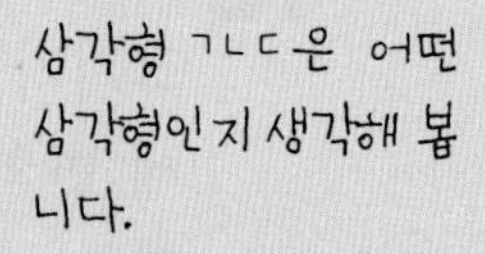
삼각형 ㄱㄴㄷ은 어떤 삼각형인지 생각해 봅니다.

생각의 샘

4 오른쪽 그림에서 큰 원의 지름의 길이는 작은 원의 지름의 길이의 5배가 됩니다. 작은 원의 반지름이 4 cm일 때 정사각형의 네 변의 길이의 합은 몇 cm입니까?

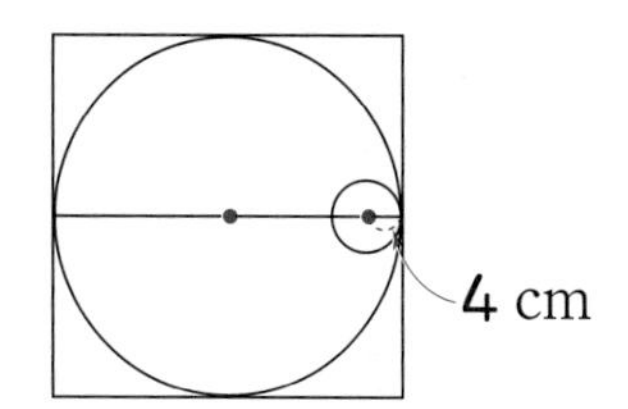

(　　　　　　　)

큰 원의 지름의 길이는 정사각형의 한 변의 길이와 같습니다.

5 오른쪽 그림과 같이 반지름이 12 cm인 원의 지름 위에 지름이 6 cm인 원을 서로 원의 중심이 지나도록 큰 원 안에 그리려고 합니다. 원은 모두 몇 개까지 그릴 수 있습니까?

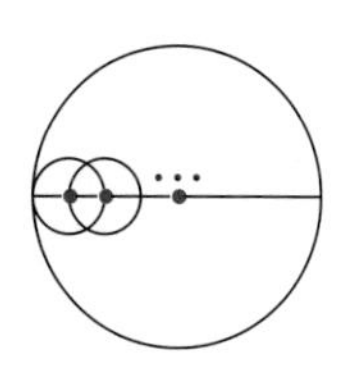

(　　　　　　　)

작은 원을 그릴 때, 서로 겹쳐지는 부분을 생각해 봅니다.

6 다음 그림과 같은 직사각형에서 꼭짓점 ㄱ, ㄴ, ㄷ, ㄹ을 중심으로 하여 원의 일부를 그렸습니다. 선분 ㄱㅇ의 길이는 몇 cm입니까?

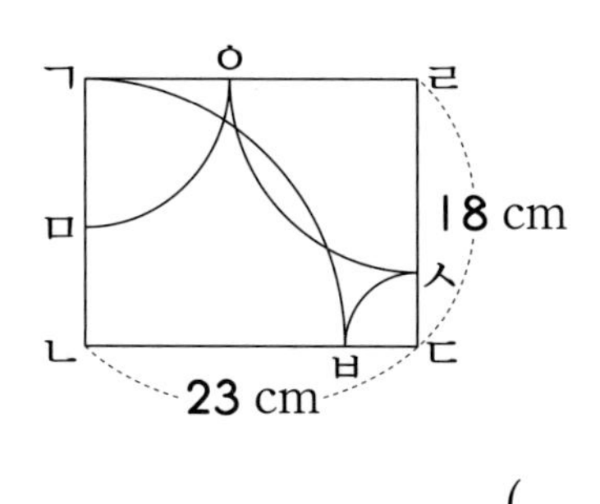

(　　　　　　　)

가장 큰 원의 반지름을 먼저 알아봅니다.

중간 평가

맞은 개수	20~18	17~16	15~14	13~
평 가	최우수	우수	보통	노력요함

1 관계있는 것끼리 선으로 이어 보시오.

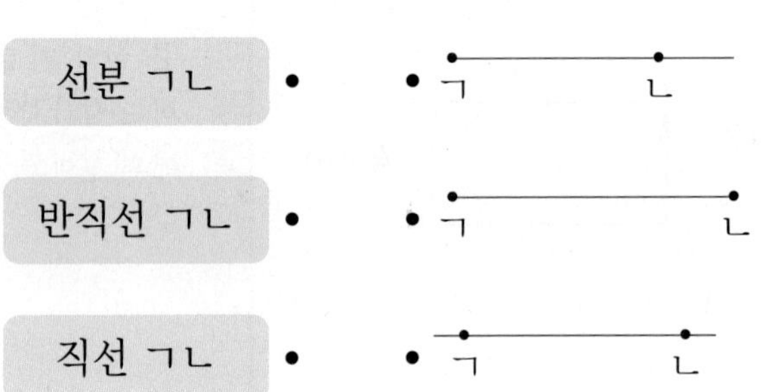

2 그림을 보고 □ 안에 알맞은 말을 써넣으시오.

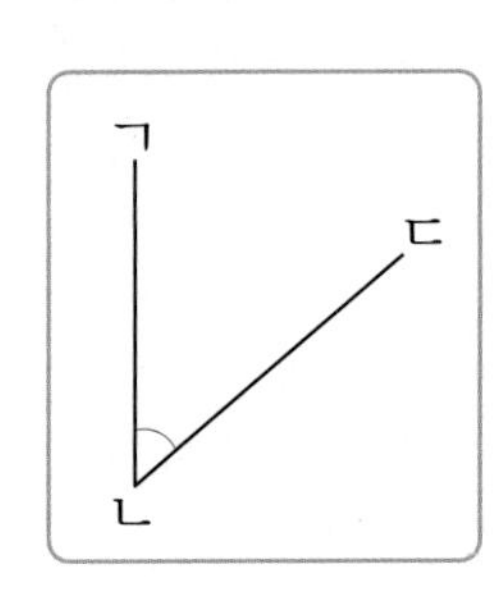

(1) 각 읽기 : 각 □

(2) 꼭짓점 : 점 □

(3) 변 읽기 :

변 □, 변 □

3 다음 중 직각은 어느 것입니까? (　　　)

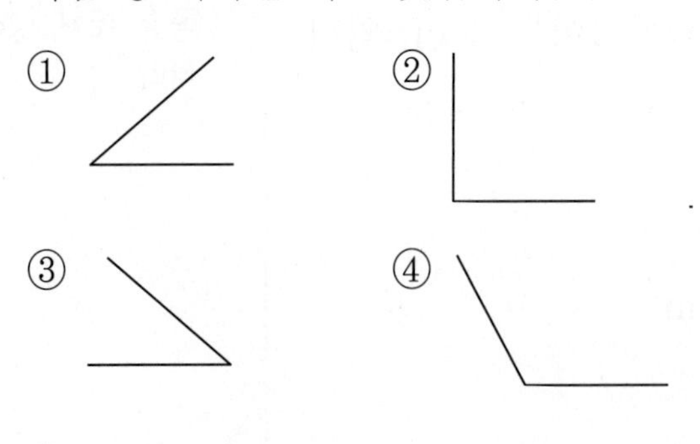

4 다음 중 직사각형을 모두 고르시오.

(　　　)

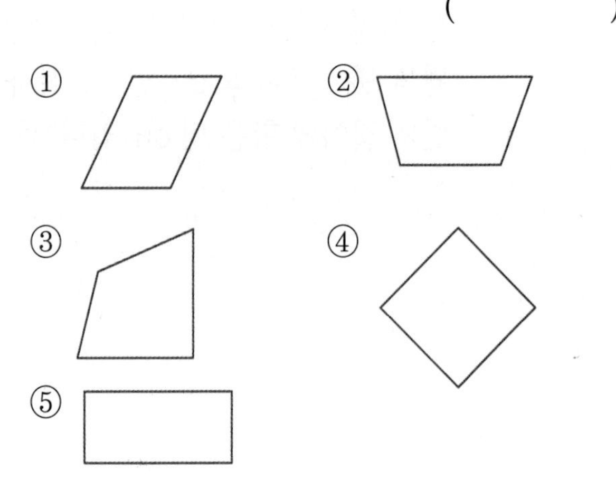

5 정사각형에 대한 설명 중 옳지 않은 것을 찾아 기호를 쓰시오.

㉠ 정사각형은 네 각이 모두 직각입니다.
㉡ 정사각형은 네 변의 길이가 모두 같습니다.
㉢ 정사각형은 직사각형이라고 할 수 없습니다.
㉣ 정사각형은 직사각형이라고 할 수 있습니다.

(　　　　　)

6 세 변의 길이가 같을 때 삼각형의 둘레의 길이는 몇 cm입니까?

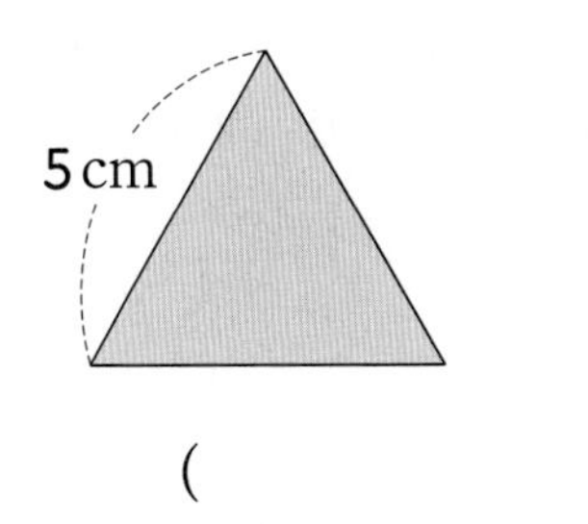

(　　　　　　　　)

7 다음 정사각형의 둘레의 길이는 몇 cm입니까?

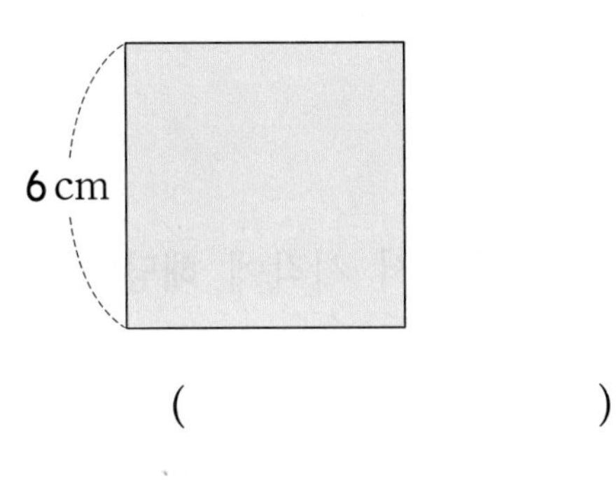

(　　　　　　　　)

8 다음 직사각형의 둘레의 길이는 몇 cm입니까?

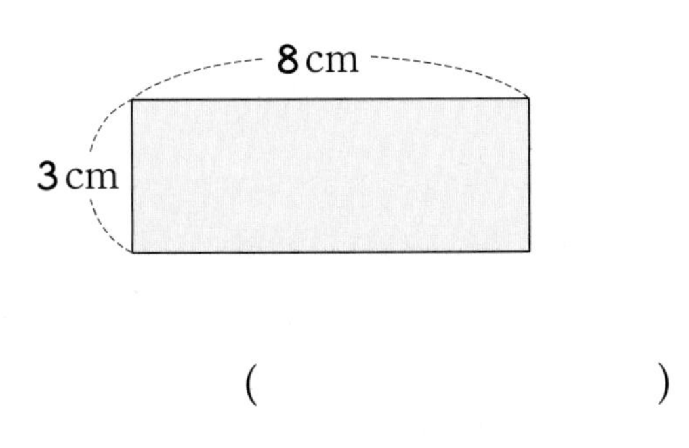

(　　　　　　　　)

9 다음 도형의 둘레의 길이는 몇 cm입니까?

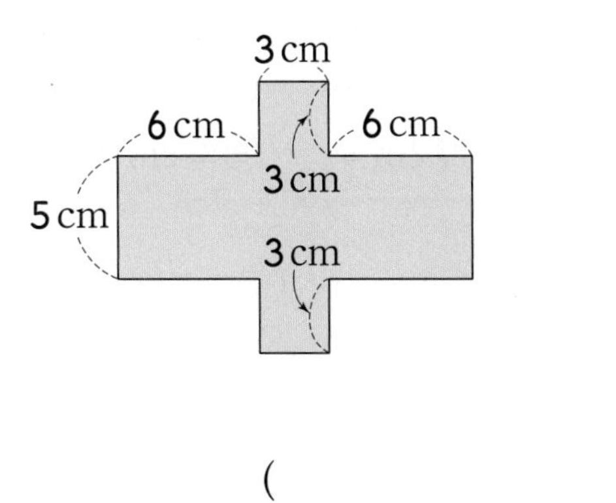

(　　　　　　　　)

10 단위의 관계를 잘못 나타낸 것은 어느 것입니까? (　　　)

① 1 km=1000 m
② 1 m=100 cm
③ 10 mm=1 cm
④ 10 m=10000 cm
⑤ 1 m=1000 mm

중간 평가

11 길이가 긴 것부터 차례로 기호를 쓰시오.

㉠ 50 mm	㉡ 8 cm 3 mm
㉢ 7 cm	㉣ 4 cm 9 mm

( )

12 □ 안에 알맞은 수를 써넣으시오.

(1) 4195 m=□ km □ m

(2) 5 km 8 m=□ m

13 사각형에서 세로 길이는 가로 길이보다 몇 cm 몇 mm 더 깁니까?

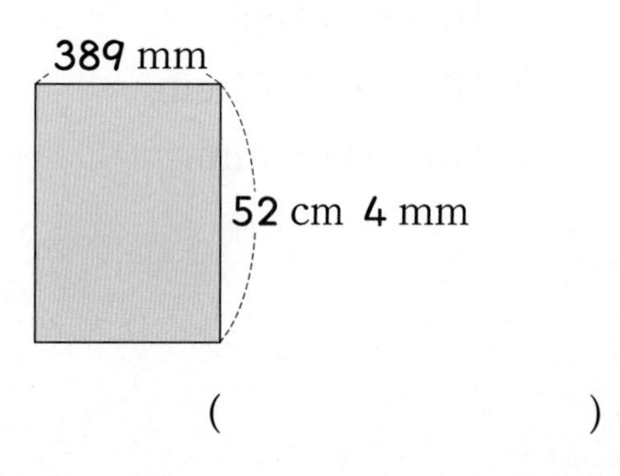

( )

14 호진이네 집에서 버스 정류장까지는 1 km 900 m이고, 버스 정류장에서 백화점까지는 1600 m입니다. 호진이네 집에서 버스 정류장을 거쳐 백화점까지의 거리는 몇 km 몇 m입니까?

( )

15 다음에서 시각에 해당하는 것을 모두 쓰시오.

> 유진이는 할머니 댁에 가는 데 10시에 집에서 출발하여 지하철은 20분 45초, 고속버스는 1시간 25분을 탔습니다. 그리고 할머니 댁에 도착하니 11시 50분이 되었습니다.

( )

16 오른쪽 시계에서 초바늘이 10바퀴 돌면 몇 시 몇 분 몇 초가 됩니까?

(　　　　　　　　　　)

17 □ 안에 알맞은 수를 써넣으시오.

(1) 4분=□초

(2) 1분 46초=□초

(3) 79초=□분 □초

(4) 185초=□분 □초

18 누름 못을 꽂은 곳을 원의 중심으로 하여 가장 큰 원을 그리려고 합니다. 연필은 어느 곳에 꽂아야 합니까?

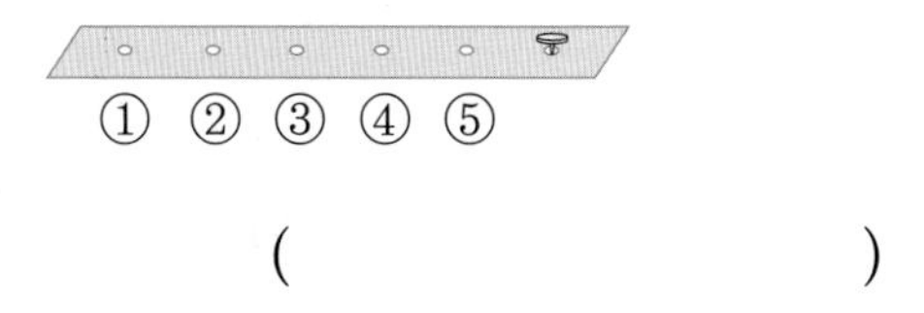

(　　　　　　　　　　)

19 원의 지름에 대한 설명으로 틀린 것은 어느 것입니까? (　　　　)

① 원의 중심을 지납니다.

② 지름은 반지름의 길이의 2배입니다.

③ 한 원에서 반지름의 길이는 모두 같습니다.

④ 지름은 원 위에 있는 두 점을 이은 선분 중 가장 짧습니다.

⑤ 한 원에서 그을 수 있는 지름은 무수히 많습니다.

20 오른쪽과 같이 벌린 컴퍼스로는 지름이 몇 cm인 원을 그릴 수 있습니까?

(　　　　　　　　　　)

6. 들이 알아보기

개념 확인

1. 들이의 비교

〈모양과 크기가 다른 그릇들의 들이를 비교하는 방법〉

그릇에 물을 가득 담아 들이를 서로 비교하거나 다른 그릇을 이용하여 비교합니다.

2. 들이의 단위 알아보기

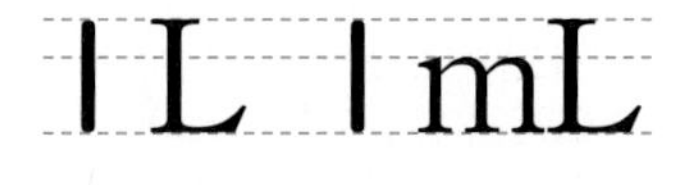

1 L=1000 mL

- 들이의 단위에는 리터와 밀리리터가 있습니다.
  1 리터는 1 L, 1 밀리리터는 1 mL라고 씁니다.
  1 리터는 1000밀리리터와 같습니다.
- 1 L보다 500 mL 더 많은 들이를 1 L 500 mL라 쓰고,
  1 리터 500밀리리터라고 읽습니다.
  1 L 500 mL는 1500 mL와 같습니다.
  1 L 500 mL=1 L+500 mL=1000 mL+500 mL=1500 mL

그릇의 들이를 잴 때 1000 밀리리터보다 적은 그릇은 mL 단위,
1000 밀리리터보다 많은 그릇은 L 단위를 사용하면 편리합니다.

3. 들이 어림하기

- 들이를 쉽게 알 수 있는 200 mL 우유갑 또는 1 L 우유갑 등을 이용하여 여러 가지 그릇의 들이를 어림합니다.
- 들이를 어림하여 말할 때에는 약 □L 또는 약 □mL라고 합니다.

4. 들이의 합과 차

- 들이의 합
  mL 단위끼리의 합이 1000이거나 1000보다 크면 1000 mL를 1 L로 받아올림합니다.

	L	mL
	3 L	700 mL
+	4 L	600 mL
	7 L	1300 mL
	+1 L	←−1000 mL
	8 L	300 mL

- 들이의 차
  mL 단위끼리 뺄 수 없을 때에는 1 L를 1000 mL로 받아내림합니다.

	L	mL
	4	1000
	~~5~~ L	200 mL
−	2 L	800 mL
	2 L	400 mL

개념 익히기

1 모양과 크기가 같은 컵으로 가 그릇과 나 그릇에 물을 가득 채우려면 가 그릇에는 11컵, 나 그릇에는 14컵을 부어야 합니다. 어느 그릇의 들이가 더 많습니까?

(　　　　　　　　)

2 □ 안에 알맞은 수를 써넣으시오.

(1) 2 L 75 mL=□ mL

(2) 3057 mL=□ L □ mL

3 석기는 2 L의 물이 들어 있는 물통에 350 mL의 물을 더 부었습니다. 물의 양은 모두 몇 L 몇 mL입니까?

(　　　　　　　　)

4 물이 냄비에는 1750 mL 있고, 주전자에는 1 L 80 mL 있습니다. 어느 쪽에 있는 물의 양이 더 많습니까?

(　　　　　　　　)

5 □ 안에 알맞은 수를 써넣으시오.

(1) 4000 mL+3700 mL
=□ mL=□ L □ mL

(2) 8600 mL−5200 mL
=□ mL=□ L □ mL

6 들이의 계산 결과가 큰 것의 기호를 쓰시오.

㉠ 2 L 340 mL+3 L 30 mL
㉡ 9 L 650 mL−4 L 320 mL

(　　　　　　　　)

7 동민이는 하루에 1 L 70 mL의 물을 마시고, 영수는 1 L 80 mL의 물을 마십니다. 동민이와 영수가 하루에 마시는 물의 양은 모두 몇 L 몇 mL입니까?

(　　　　　　　　)

8 식용유가 2 L 700 mL 있었습니다. 그중에서 한초와 친구들이 1 L 540 mL를 사용하였습니다. 남은 식용유는 몇 L 몇 mL입니까?

(　　　　　　　　)

동메달 따기

1 들이가 많은 그릇의 순서대로 기호를 쓰시오.

( )

2 우유갑과 음료수 병에 물을 가득 채웠다가 모양과 크기가 같은 그릇에 옮겨 담았더니 그림과 같이 되었습니다. 어느 쪽의 들이가 더 많습니까?

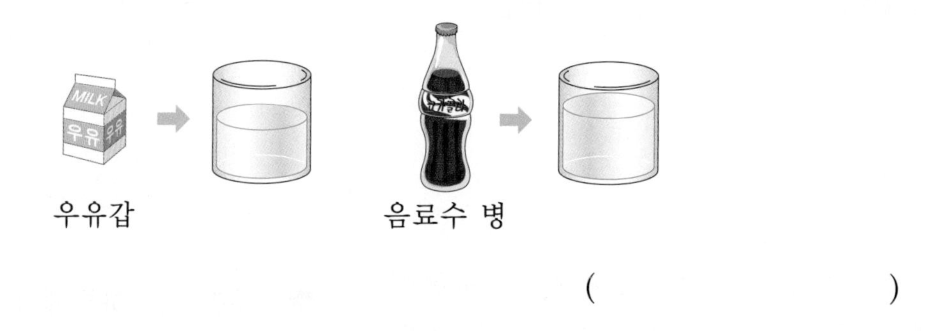

( )

3 컵 ㉮, ㉯, ㉰의 들이를 비교하려고 합니다. 각 컵에 물을 가득 담아서 모양과 크기가 같은 그릇에 각각 부어 물의 높이를 표시하였습니다. 컵의 들이가 많은 순서대로 기호를 쓰시오.

㉮ ㉯ ㉰

( )

4 똑같은 물통에 가득 들어 있는 물을 네 사람이 각자의 컵으로 가득 담아 덜어 내어 보았습니다. 어느 컵의 들이가 가장 많습니까?

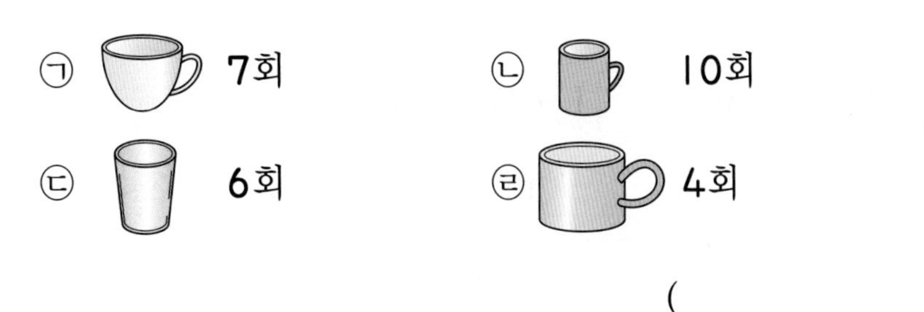

(　　　　　　　　)

5 그릇의 들이를 나타내는 데 알맞은 단위를 L와 mL 중에서 골라 (　) 안에 써넣으시오.

(1) (　　　　)　　　(2) (　　　　)

6 물은 모두 얼마가 되는지 □ 안에 알맞은 수를 써넣으시오.

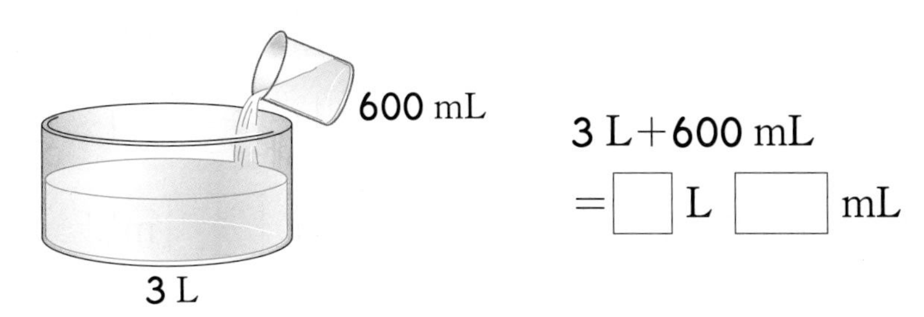

3 L+600 mL
=□ L □ mL

7 □ 안에 알맞은 수를 써넣으시오.

(1) 4 L= □ mL

(2) 2 L 400 mL= □ L+400 mL
= □ mL+ □ mL
= □ mL

(3) 3500 mL= □ mL+500 mL
= □ L+ □ mL
= □ L □ mL

8 들이를 비교하여 ○ 안에 >, =, <를 알맞게 써넣으시오.

(1) 2030 mL ○ 2 L

(2) 3 L 80 mL ○ 3800 mL

9 □ 안에 알맞은 수를 써넣으시오.

(1) 1000 mL+2400 mL= □ mL= □ L □ mL

(2) 2100 mL+1600 mL= □ mL= □ L □ mL

(3) 4300 mL−2000 mL= □ mL= □ L □ mL

(4) 3600 mL−2200 mL= □ mL= □ L □ mL

10 들이를 계산하시오.

(1)
$$\begin{array}{r} 3\text{ L }400\text{ mL} \\ +\ 1\text{ L }500\text{ mL} \\ \hline \end{array}$$

(2)
$$\begin{array}{r} 2\text{ L }400\text{ mL} \\ +\ 3\text{ L }400\text{ mL} \\ \hline \end{array}$$

(3)
$$\begin{array}{r} 4\text{ L }700\text{ mL} \\ -\ 2\text{ L }400\text{ mL} \\ \hline \end{array}$$

(4)
$$\begin{array}{r} 7\text{ L }800\text{ mL} \\ -\ 3\text{ L }500\text{ mL} \\ \hline \end{array}$$

11 한초는 주스 2 L 350 mL를 가져왔고, 상연이는 주스 1 L 400 mL를 가져왔습니다. 두 사람이 가져온 주스의 양은 모두 몇 L 몇 mL입니까?

( )

12 물이 3 L 600 mL가 있었습니다. 그중에서 용희가 2 L 250 mL를 사용하였습니다. 남은 물은 몇 L 몇 mL입니까?

( )

은메달 따기

1 들이가 다음과 같은 그릇이 4개 있습니다. 들이가 가장 많은 그릇과 가장 적은 그릇의 들이의 차는 몇 mL입니까?

㉠ 2 L 30 mL	㉡ 2300 mL
㉢ 2020 mL	㉣ 2 L 100 mL

(　　　　　　　　)

2 양동이에 물이 5 L 들어 있었습니다. 이 양동이에서 물을 1 L 800 mL씩 2번 덜어 낸 다음 물을 2 L 900 mL 더 부었습니다. 양동이에 들어 있는 물의 양은 몇 L 몇 mL입니까?

(　　　　　　　　)

3 가영이는 아버지와 함께 벽에 페인트를 칠하였습니다. 흰색 페인트 4 L와 파란색 페인트 5400 mL를 섞은 것 중 6 L 800 mL를 사용하였습니다. 남은 페인트의 양은 몇 L 몇 mL입니까?

(　　　　　　　　)

4 ㉮ 그릇의 들이와 ㉯ 그릇의 들이의 합은 7 L 300 mL이고, ㉮ 그릇의 들이는 ㉯ 그릇의 들이보다 900 mL 더 많습니다. ㉯ 그릇의 들이는 몇 L 몇 mL입니까?

( )

5 20 L들이의 물통에 물이 13 L 600 mL 들어 있습니다. 이 물통에 물을 가득 채우려면 800 mL들이의 컵으로 적어도 몇 번 부어야 합니까?

( )

6 간장이 ㉮ 병에는 1 L 700 mL 들어 있고, ㉯ 병에는 ㉮ 병보다 900 mL 더 들어 있습니다. ㉮, ㉯ 두 병에 들어 있는 간장의 양은 모두 몇 L 몇 mL입니까?

( )

7 한솔이는 일주일 동안 우유를 3 L 800 mL 마셨고, 석기는 매일 350 mL씩 일주일 동안 우유를 마셨습니다. 한솔이와 석기가 일주일 동안 마신 우유의 양은 모두 몇 L 몇 mL입니까?

( )

8 둥근기둥 모양의 물통에 물을 1 L 600 mL 부었더니 물의 높이가 8 cm였습니다. 이 물통에 물을 6 L 400 mL 더 부으면 물의 높이는 몇 cm가 됩니까?

( )

9 지혜는 빈 양동이에 1 L 500 mL들이 그릇으로 3번, 150 mL들이 그릇으로 6번 물을 가득 담아 부었습니다. 양동이에 채워진 물은 모두 몇 L 몇 mL입니까?

( )

10 25 L들이 물통에 13 L의 물이 들어 있습니다. 어떤 그릇에 물을 가득 담아 물통에 물을 6번 부었더니 물통이 가득 찼습니다. 어떤 그릇의 들이는 몇 L인지 설명하시오.

11 주어진 3개의 그릇을 이용해 물의 들이를 재려고 합니다. 잴 수 없는 들이는 어느 것입니까? (　　　　)

2 L　　4 L 500 mL　　8 L 200 mL

① 4 L 500 mL　　② 12 L 700 mL　　③ 10 L 200 mL
④ 14 L 700 mL　　⑤ 11 L 700 mL

12 600 mL들이 통으로 물을 가득 담아 몇 번 부으면 3개의 그릇을 모두 가득 채울 수 있습니까? (단, 물이 가득 차면 다른 그릇에 붓습니다.)

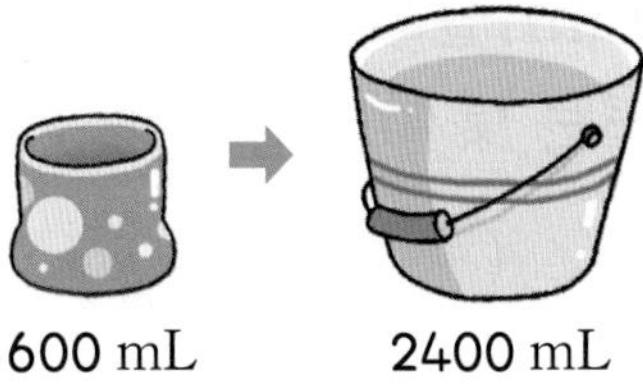

600 mL　　2400 mL　　1500 mL　　300 mL

(　　　　　　　　)

금메달 따기

생각의 샘

1 음료수가 4 L 있었습니다. 이 음료수를 가, 나, 다 세 가지 종류의 병에 모두 옮겨 담았더니 1 L 300 mL가 남았습니다. 가 병의 들이가 1 L 200 mL이고 나 병의 들이가 800 mL일 때 다 병의 들이는 몇 mL입니까?

( )

다 병의 들이를 □라 하여 식을 세워 알아봅니다.

2 물을 200 mL들이의 컵으로 가득 담아 6번, 300 mL들이의 컵으로 가득 담아 4번 부으면 가득 차는 주전자가 있습니다. 이 주전자에 물을 가득 채우려면 500 mL들이의 컵만으로는 적어도 몇 번 부어야 합니까?

( )

먼저 주전자의 들이는 몇 mL인지 알아봅니다.

3 한솔이는 아버지와 함께 벽에 페인트를 칠하였습니다. 주황색 페인트 3 L와 초록색 페인트 2400 mL를 섞은 것 중에 4 L 700 mL를 사용하였다면 남은 페인트는 몇 mL입니까?

( )

생각의 샘

4 가영이는 8 L들이의 그릇에 물을 가득 채우려고 합니다. 5초에 1 L씩 물이 나오는 수도로 그릇을 채우려고 했더니 그릇의 바닥이 깨져서 3초에 300 mL씩 물이 빠져나갔습니다. 이 그릇에 물을 가득 채우는 데 걸리는 시간은 몇 분 몇 초입니까?

(　　　　　　　　)

1분에 물이 몇 mL씩 들어가고, 빠져나가는지 알아봅니다.

5 병 가와 병 나에 들어 있는 물의 양을 비교하기 위해 모양과 크기가 같은 컵 ㉠, ㉡에 각각 부었더니 다음과 같았습니다. 컵 ㉠의 물 중 80 mL를 컵 ㉡에 부었더니 두 컵의 물의 높이가 같아졌습니다. 병 나에 들어 있던 물의 양은 몇 mL입니까?

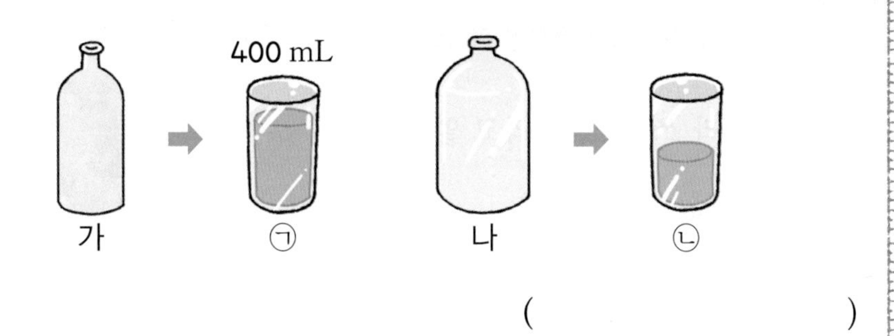

(　　　　　　　　)

6 ㉮ 물탱크에는 380 L, ㉯ 물탱크에는 60 L의 물이 들어 있습니다. 펌프를 사용하여 ㉮ 물탱크에서 ㉯ 물탱크로 1분에 8 L씩 물을 옮기면 몇 분 후에 ㉮, ㉯ 물탱크에 담긴 물의 양이 같아지겠습니까?

(　　　　　　　　)

㉮, ㉯ 두 물탱크에 담긴 물의 양이 같아지면 각각 몇 L가 되는지 알아봅니다.

7. 무게 알아보기

개념 확인

1. 무게 비교하기

〈모양과 크기가 다른 물건들의 무게를 비교하는 방법〉

직접 들어 보거나 여러 가지 물건 또는 저울을 이용하여 비교합니다.

2. 무게의 단위 알아보기

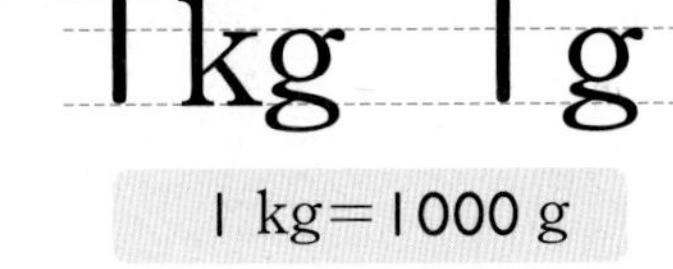

1 kg=1000 g

- 무게의 단위에는 킬로그램과 그램이 있습니다.
  1 킬로그램은 1 kg, 1 그램은 1 g이라고 씁니다.
  1 킬로그램은 1000 그램과 같습니다.
- 1 kg보다 300 g 더 무거운 무게를 1 kg 300 g이라 쓰고,
  1 킬로그램 300 그램이라고 읽습니다.
  1 kg 300 g은 1300 g과 같습니다.
  1 kg 300 g=1 kg+300 g=1000 g+300 g=1300 g

물건의 무게를 잴 때 1000 그램보다 가벼운 물건은 g 단위,
1000 그램보다 무거운 물건은 kg 단위를 사용하면 편리합니다.

- 1000 kg의 무게를 1 t이라 쓰고 1 톤이라고 읽습니다.

1000 kg=1 t

3. 무게 어림하기

- 무게를 쉽게 알 수 있는 100 g짜리 추 또는 1 kg짜리 추 등을 이용하여 여러 가지 물건의 무게를 어림합니다.
- 무게를 어림하여 말할 때에는 약 □kg 또는 약 □g이라고 합니다.

4. 무게의 합과 차

- 무게의 합
  g 단위끼리의 합이 1000이거나 1000보다 크면 1000 g을 1 kg으로 받아올림합니다.

$$\begin{array}{rrr} & 4\text{ kg} & 700\text{ g} \\ + & 3\text{ kg} & 600\text{ g} \\ \hline & 7\text{ kg} & 1300\text{ g} \\ & +1\text{ kg} \leftarrow & -1000\text{ g} \\ \hline & 8\text{ kg} & 300\text{ g} \end{array}$$

- 무게의 차
  g 단위끼리 뺄 수 없을 때에는 1 kg을 1000 g으로 받아내림합니다.

$$\begin{array}{rrr} & 4 & 1000 \\ & \not{5}\text{ kg} & 300\text{ g} \\ - & 3\text{ kg} & 900\text{ g} \\ \hline & 1\text{ kg} & 400\text{ g} \end{array}$$

개념 익히기

1 동전을 이용하여 인형과 로봇의 무게를 알아보았습니다. 어느 것이 동전 몇 개만큼 더 무겁습니까?

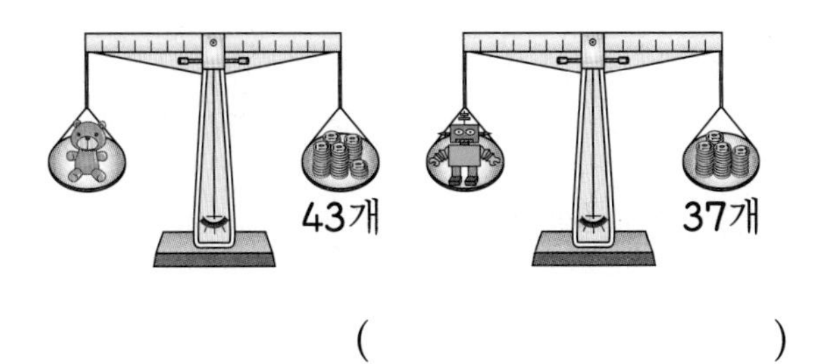

(　　　　　　　　)

2 무게가 가장 가벼운 것부터 차례로 기호를 쓰시오.

㉠ 9100 g	㉡ 9 kg
㉢ 9 kg 80 g	㉣ 8900 g

(　　　　　　　　)

3 □ 안에 알맞은 수를 써넣으시오.

(1) 3200 g=□ kg □ g

(2) 5 kg 300 g=□ g

(3) 2 t=□ kg

(4) 7 t=□ kg

(5) 9000 kg=□ t

(6) 10000 kg=□ t

4 지혜는 과수원에서 사과 5 kg 400 g과 배 4 kg 700 g을 땄습니다. 지혜가 딴 과일의 무게는 모두 몇 kg 몇 g입니까?

(　　　　　　　　)

5 신영이의 몸무게는 30 kg 600 g, 웅이의 몸무게는 32 kg 200 g입니다. 누구의 몸무게가 몇 kg 몇 g 더 가볍습니까?

(　　　　　　　　)

6 바구니의 무게는 몇 g입니까?

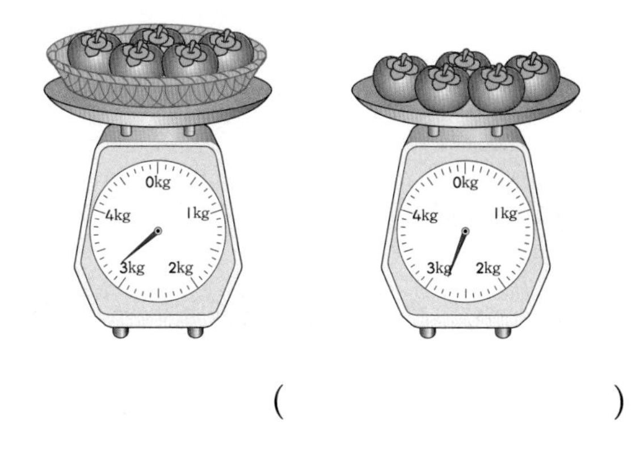

(　　　　　　　　)

동메달 따기

1 석기는 바둑돌을 이용하여 사과와 귤의 무게를 재었습니다. 사과의 무게는 바둑돌 42개의 무게와 같았고, 귤의 무게는 바둑돌 28개의 무게와 같았습니다. 어느 것이 바둑돌 몇 개만큼 더 무겁습니까?

( )

2 저울의 눈금을 읽어 보시오.

(1)

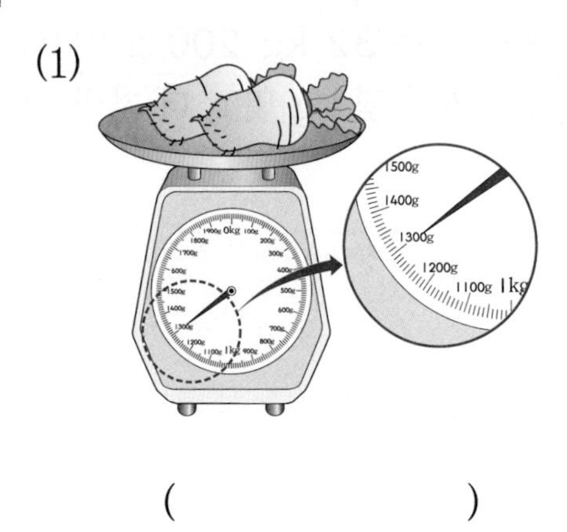

( )

(2)

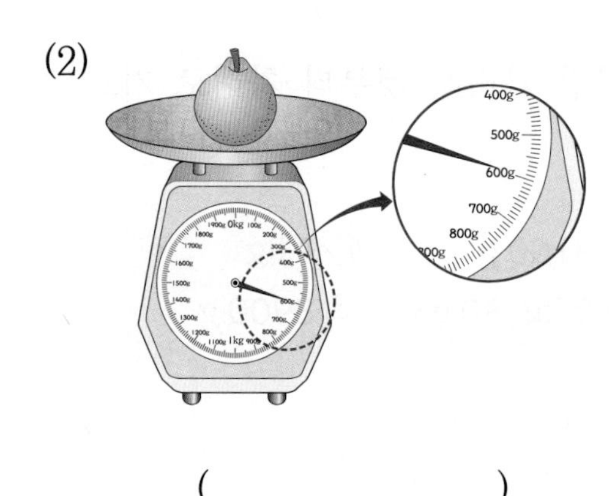

( )

3 무게가 가장 무거운 것부터 차례로 기호를 쓰시오.

㉠ 3 t	㉡ 4000 kg	㉢ 3050 kg	㉣ 5 t

( )

4 무게의 계산을 하시오.

(1)
$$\begin{array}{r} 5\text{ kg }400\text{ g} \\ +\ 7\text{ kg }800\text{ g} \\ \hline \end{array}$$

(2)
$$\begin{array}{r} 13\text{ kg }300\text{ g} \\ -\ 8\text{ kg }500\text{ g} \\ \hline \end{array}$$

5 2 kg짜리 책을 보고 무게를 어림한 것입니다. 실제 무게와 가장 가깝게 어림한 학생은 누구입니까?

영수 : 1970 g	예슬 : 2 kg 100 g
동민 : 2050 g	자영 : 2500 g

( )

6 규형이의 몸무게는 31 kg 800 g이고, 책가방의 무게는 2 kg 500 g입니다. 규형이가 책가방을 메고 무게를 재면 몇 kg 몇 g입니까?

( )

7 쌀 한 가마니의 무게는 80 kg입니다. 한초네가 쌀 한 가마니를 사서 한 달 동안 18 kg 600 g을 먹었다면 남은 쌀의 무게는 몇 kg 몇 g입니까?

(　　　　　　　　)

8 사과 2개와 배 3개의 무게의 합은 몇 kg 몇 g입니까?

(　　　　　　　　)

9 무게가 같은 두 그릇 중 한 그릇에만 물을 담아 무게를 재었습니다. 물의 무게는 몇 kg 몇 g입니까?

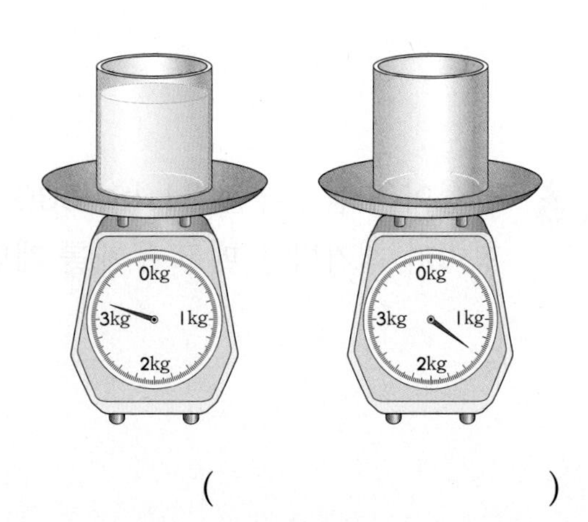

(　　　　　　　　)

10 두 무게의 합과 차는 각각 몇 kg 몇 g입니까?

13 kg 450 g　　8 kg 950 g

(　　　　　　　　　　　　　　　　)

11 계산결과의 무게가 더 가벼운 것의 기호를 쓰시오.

㉠ 3 kg 550 g+5 kg 750 g
㉡ 15 kg 350 g−6 kg 950 g

(　　　　　　　　)

12 무게가 700 g인 바구니에 과일 6 kg 400 g을 담으면 과일을 담은 바구니의 무게는 몇 kg 몇 g입니까?

(　　　　　　　　)

은메달 따기

1 용희네 모둠 학생들이 감자 5개의 무게를 다음 표와 같이 어림해 보았습니다. 저울에 잰 감자 5개의 무게가 오른쪽 그림과 같을 때 실제 무게와 가장 가깝게 어림한 학생은 누구입니까?

용희	신영	석기	한초	한솔
1500 g	1 kg 150 g	1650 g	1 kg 450 g	1700 g

(　　　　　　　　　)

2 컵 1개의 무게는 260 g이고, 접시 1개의 무게는 430 g입니다. 무게가 같은 컵 4개와 접시 5개의 무게는 모두 몇 kg 몇 g입니까?

(　　　　　　　　　)

3 물통에 물을 가득 채우고 무게를 재면 14 kg 800 g이고, 물을 반만 채우고 무게를 재면 8 kg 100 g입니다. 물통만의 무게는 몇 kg 몇 g입니까?

(　　　　　　　　　)

4 지혜는 무게가 3 kg 700 g인 책가방을, 규형이는 무게가 4 kg 800 g인 책가방을 메고 몸무게를 재었더니 각각 37 kg 400 g, 42 kg 300 g이었습니다. 누구의 몸무게가 몇 kg 몇 g 더 무겁습니까?

( )

5 규형, 영수, 한초가 모두 저울에 올라서서 무게를 재어 보니 111 kg이었습니다. 규형이는 영수보다 800 g 더 무겁고, 영수의 몸무게는 35 kg 700 g입니다. 규형이와 한초의 몸무게는 각각 몇 kg 몇 g입니까?

( )

6 무게가 1 kg 100 g인 통 2개에 물을 담아서 무게를 각각 재었습니다. 두 통에 담긴 물을 가 통에 모아서 무게를 재면 몇 kg 몇 g입니까?

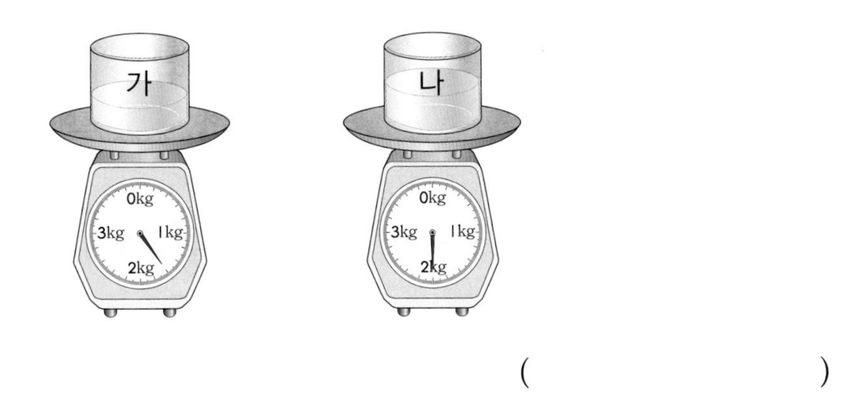

( )

은메달 따기

7 그림을 보고 가장 무거운 사람부터 차례로 쓰시오.

( )

8 규형이가 여러 가지 물건의 무게를 어림하고, 저울로 재어 본 것을 나타낸 것입니다. 가장 비슷하게 어림한 물건은 무엇입니까?

물건	어림한 무게	저울로 잰 무게
마우스	370 g	415 g
필통	260 g	287 g
교과서	500 g	670 g

( )

9 150 g짜리 큰 구슬 5개와 70 g짜리 작은 구슬 8 개의 무게는 모두 몇 kg 몇 g입니까?

( )

10 지혜가 귤이 든 상자를 들고 무게를 재어 보니 39 kg 200 g이었습니다. 지혜의 몸무게는 31 kg이고, 상자만의 무게는 2 kg 300 g이라면 귤의 무게는 몇 kg 몇 g입니까?

(　　　　　　　)

11 배추의 무게는 고구마와 오이의 무게를 합한 것보다 얼마나 더 무겁습니까?

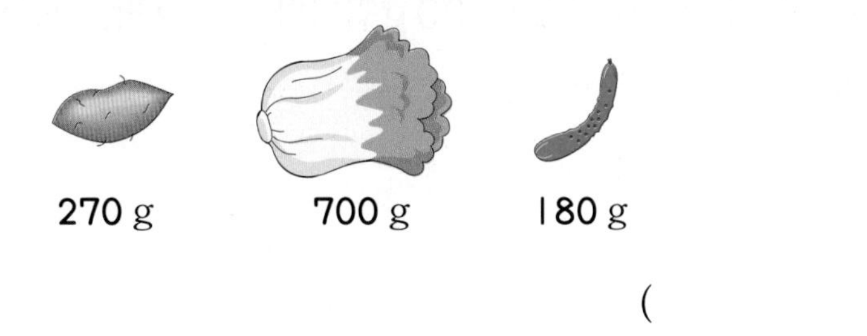

(　　　　　　　)

12 어제는 고구마를 32 kg 200 g 캤고, 오늘은 어제보다 6900 g 더 많이 캤습니다. 어제와 오늘 캔 고구마는 모두 몇 kg 몇 g입니까?

(　　　　　　　)

금메달 따기

생각의 샘

1 바구니에 무게가 같은 감 8개를 넣어 무게를 재면 3 kg 500 g이고 감 4개를 꺼내고 다시 무게를 재면 2 kg 100 g입니다. 바구니만의 무게는 몇 g입니까?

( )

줄어든 무게만큼이 감 4개의 무게입니다.

2 무와 호박의 무게는 1 kg 500 g, 무와 당근의 무게는 1 kg 300 g, 호박과 당근의 무게는 1 kg 100 g입니다. 무, 호박, 당근의 무게는 각각 몇 g입니까?

( )

무, 호박, 당근의 무게의 합은 얼마인지 알아봅니다.

3 양팔 저울과 3 g짜리 추가 2개, 5 g짜리 추가 2개 있습니다. 양팔 저울을 사용하여 잴 수 있는 무게는 모두 몇 가지입니까?

( )

추의 무게의 합과 차를 이용하여 잴 수 있는 무게를 알아봅니다.

생각의 샘

4 저울은 모두 수평입니다. ㉮, ㉯, ㉰, ㉱는 각각 무게가 다르며 5 g, 10 g, 15 g, 25 g 중 하나라면 ㉱는 몇 g입니까?

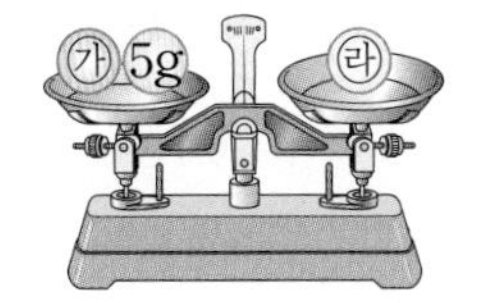

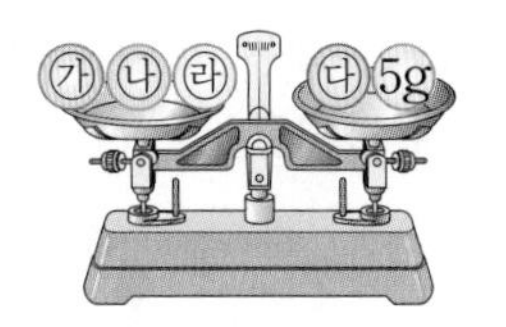

( )

저울이 수평이므로 저울의 왼쪽에 있는 것의 무게와 오른쪽에 있는 것의 무게가 같습니다.

5 각각의 무게가 같은 배추, 무, 가지가 있습니다. 배추 3포기와 무 4개의 무게가 같고, 무 2개와 가지 12개의 무게가 같을 때 배추 15포기는 가지 몇 개의 무게와 같습니까?

( )

먼저 무 4개의 무게는 배추 몇 포기의 무게와 같고, 가지 몇 개의 무게와 같은지 알아봅니다.

6 고구마 4 kg의 가격은 양파 5 kg의 가격과 같습니다. 예슬이의 어머니가 고구마 8 kg과 양파 10 kg을 모두 사는데 25600원을 냈다면 고구마 1 kg과 양파 1 kg의 가격은 각각 얼마입니까?

( )

고구마나 양파 중 어느 것의 1 kg의 가격을 먼저 알아봅니다.

개념 확인

도형의 규칙을 찾아 문제 해결하기

예제

성냥개비를 사용하여 다음 그림과 같이 정사각형을 만들어 갑니다. 정사각형 10개를 만드는 데 필요한 성냥개비의 개수를 구하시오.

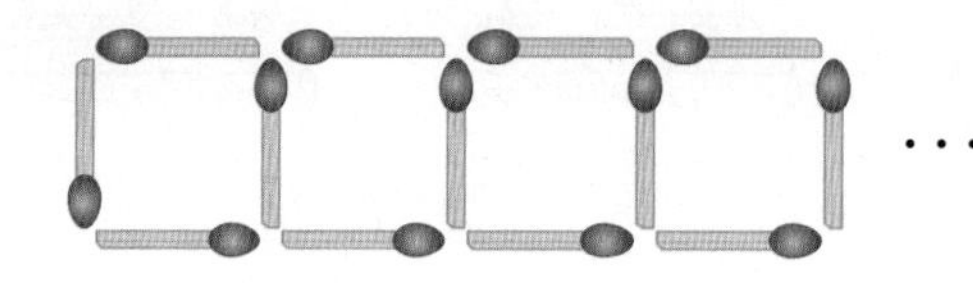

풀이 • 정사각형을 1개 만들 때 필요한 성냥개비의 개수

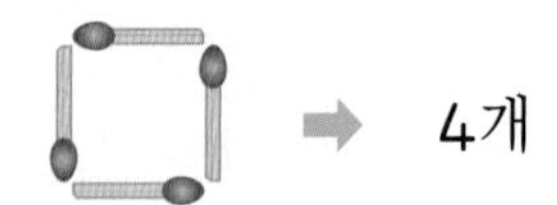

➡ 4개

• 정사각형을 2개 만들 때 필요한 성냥개비의 개수

➡ $4+3=7$(개)

• 정사각형을 3개 만들 때 필요한 성냥개비의 개수

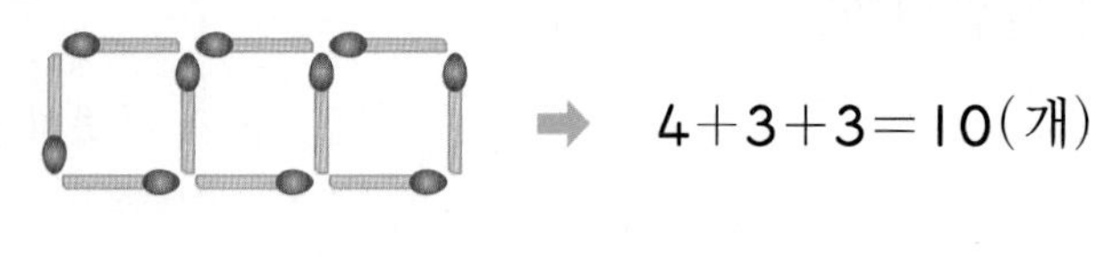

➡ $4+3+3=10$(개)

⋮

위와 같은 방법으로 생각하면 정사각형을 10개 만들 때 필요한 성냥개비의 개수는

$4+\underbrace{3+3+3+\cdots\cdots+3}_{3이\ 9개}=4+3\times9=31$(개)입니다.

또한, $4+\underbrace{3+3+3+\cdots+3}_{3이\ 9개}=1+\underbrace{3+3+3+3+\cdots+3}_{3이\ 10개}=1+3\times10=31$(개)로 생각하여 구할 수도 있습니다. 즉, (필요한 성냥개비의 개수)$=$(정사각형의 개수)$\times3+1$로 생각할 수 있습니다.

기본 도형을 사용하여 규칙을 정해 무늬 꾸미기

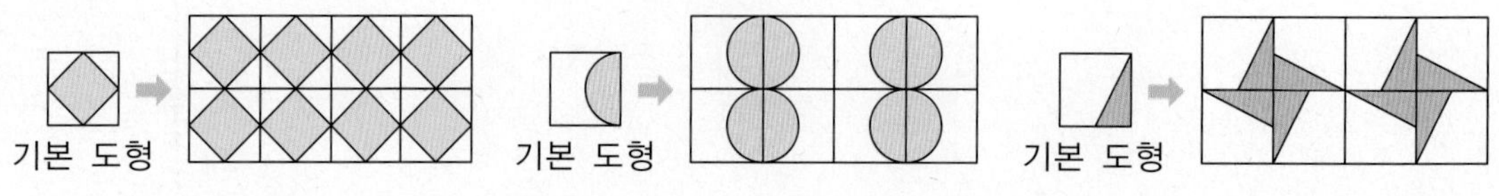

기본 도형은 전체 무늬를 만드는 데 기준(바탕)이 되는 같은 모양의 도형입니다.

개념 익히기

성냥개비를 사용하여 다음 그림과 같이 삼각형을 만들어 갑니다. 물음에 답하시오. [1~4]

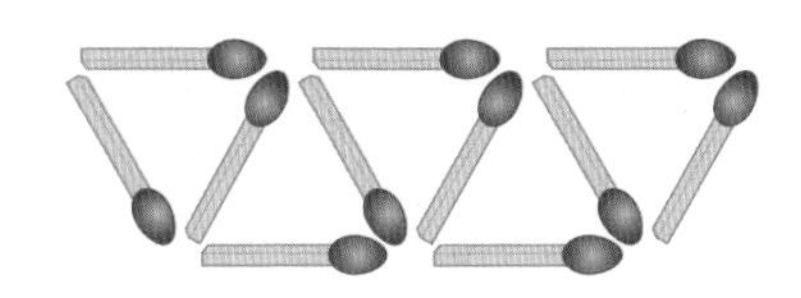

1 첫 번째 삼각형을 만드는 데 사용한 성냥개비는 몇 개입니까?

( )

2 두 번째 삼각형부터 삼각형을 1개씩 더 만들어 갈 때 더 필요한 성냥개비는 몇 개씩입니까?

( )

3 삼각형을 5개를 만들 때 필요한 성냥개비는 모두 몇 개입니까?

( )

4 삼각형을 10개 만들 때와 삼각형을 12개 만들 때 필요한 성냥개비의 개수의 차를 구하시오.

( )

오른쪽 기본 도형을 사용하여 무늬를 꾸며 보시오. [5~6]

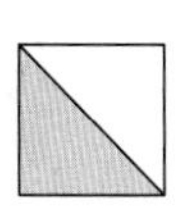

5 기본 도형이 어떻게 배열되어 있는지 말해 보시오.

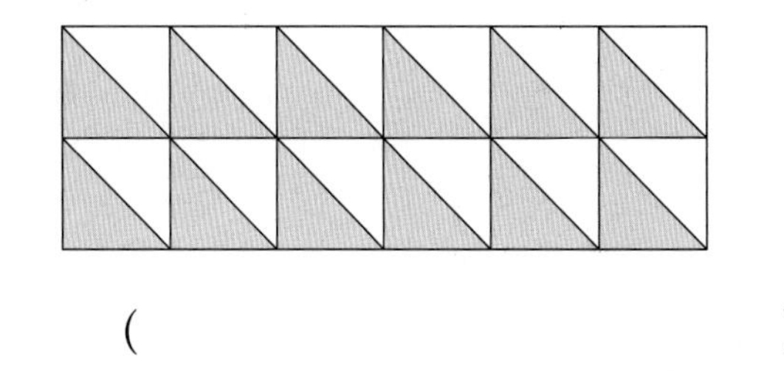

( )

6 규칙을 정하여 무늬를 꾸며 보시오.

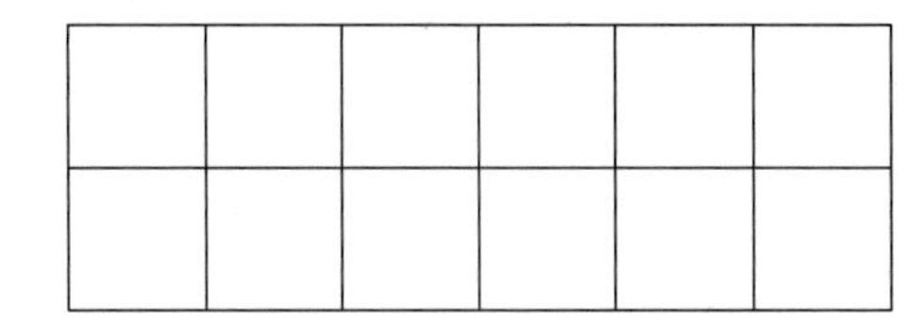

7 기본 도형을 배열하여 무늬를 꾸며 보시오.

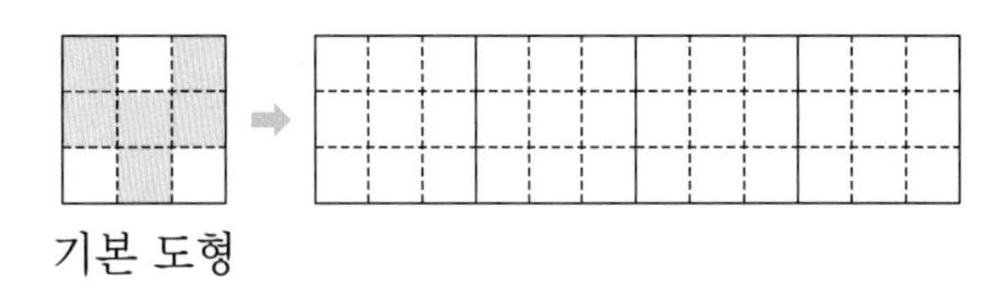

기본 도형

8 한 가지 색을 사용하여 기본 도형을 만들어 무늬를 꾸며 보시오.

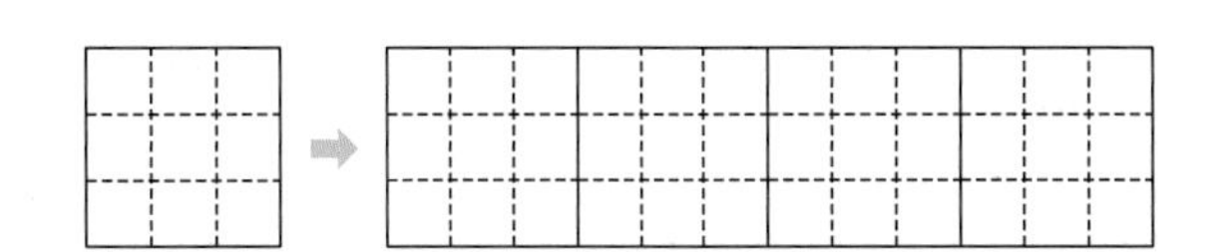

9 위 **8**에서 만든 무늬의 규칙을 설명하시오.

( )

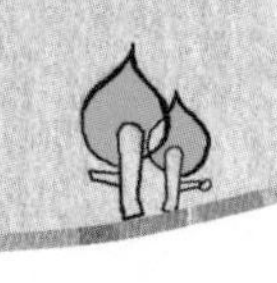

다음 그림과 같이 성냥개비를 사용하여 육각형을 만들어 갑니다. 물음에 답하시오. [1~3]

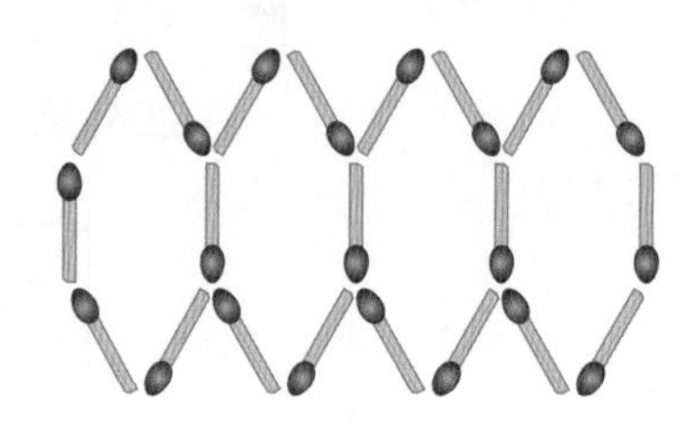

1 빈칸에 알맞은 수를 써넣으시오.

육각형의 개수(개)	1	2	3	4	5	6	…
필요한 성냥개비의 개수(개)							…

2 육각형 10개를 만드는 데 필요한 성냥개비의 개수를 구하시오.

( )

3 육각형 50개를 만드는 데 필요한 성냥개비의 개수를 구하시오.

( )

다음 그림과 같이 성냥개비를 사용하여 정사각형을 만들어 갈 때 물음에 답하시오. [4~7]

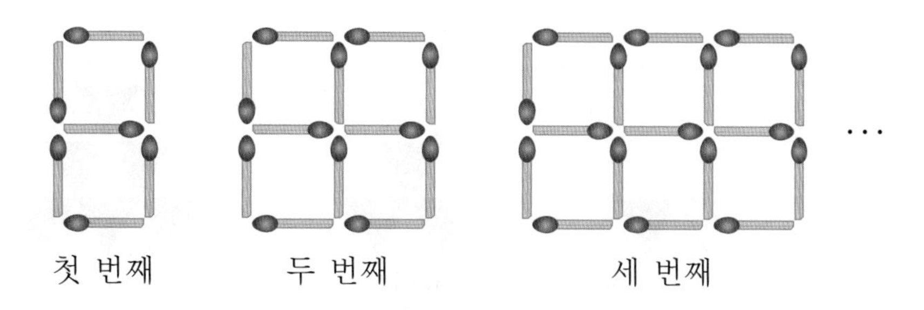

4 첫 번째 모양을 만드는 데 사용한 성냥개비의 개수를 구하시오.

( )

5 두 번째 모양을 만드는 데 사용한 성냥개비의 개수는 첫 번째 모양을 만드는 데 사용한 성냥개비의 개수보다 몇 개 더 많습니까?

( )

6 세 번째 모양을 만드는 데 사용한 성냥개비의 개수는 두 번째 모양을 만드는 데 사용한 성냥개비의 개수보다 몇 개 더 많습니까?

( )

7 다섯 번째 모양을 만드는 데 필요한 성냥개비의 개수를 구하시오.

( )

흰색과 검은색 두 종류의 삼각형 종이를 그림과 같이 규칙적으로 늘어놓았습니다. 물음에 답하시오. [8~10]

8 다섯 번째에 올 그림에서 사용될 흰색 삼각형의 종이는 몇 장인지 구하시오.

( )

9 열 번째에 올 그림에서 사용될 흰색 삼각형의 종이는 몇 장인지 구하시오.

( )

10 101번째에 올 그림에서 사용될 검은색 삼각형의 종이는 몇 장인지 구하시오.

( )

11 보도블록에서 기본 도형을 찾아 그려 보시오.

(1)

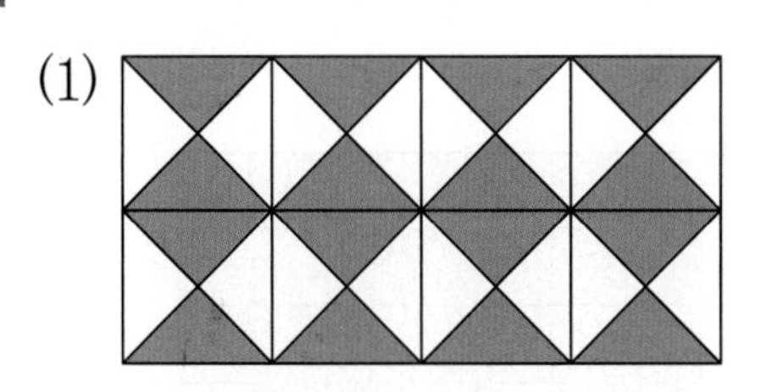

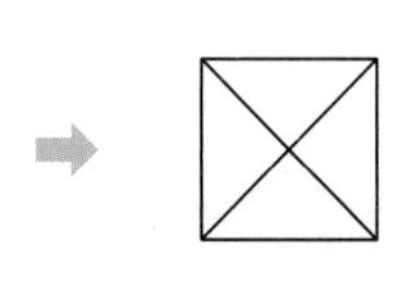

(2)

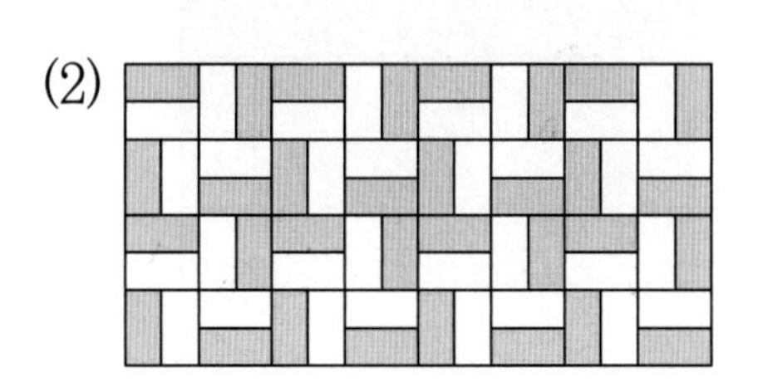

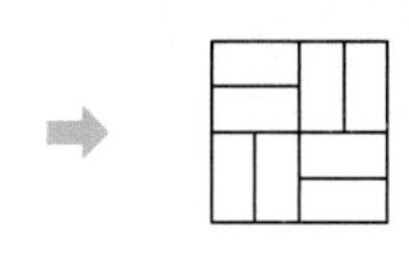

12 도형을 규칙적으로 배열하여 무늬를 꾸며 보시오.

(1)

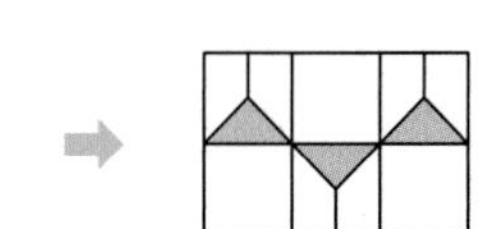

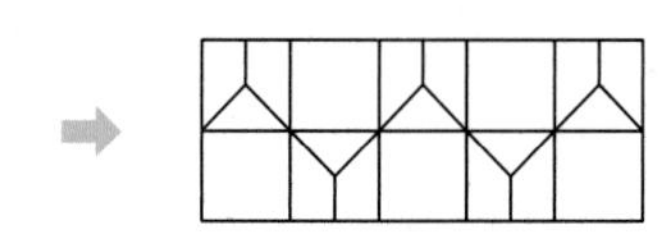

(2)

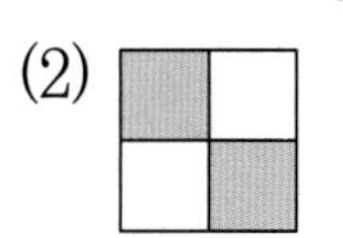

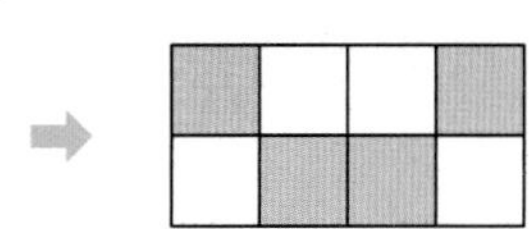

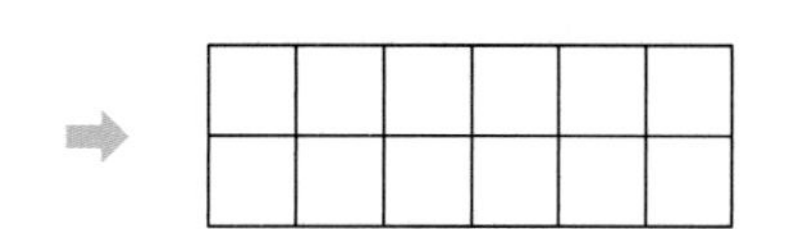

13 기본 도형으로 규칙을 정하여 무늬를 꾸며 보시오.

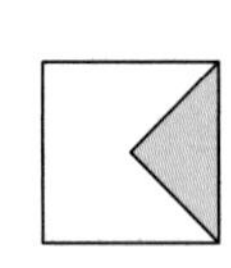

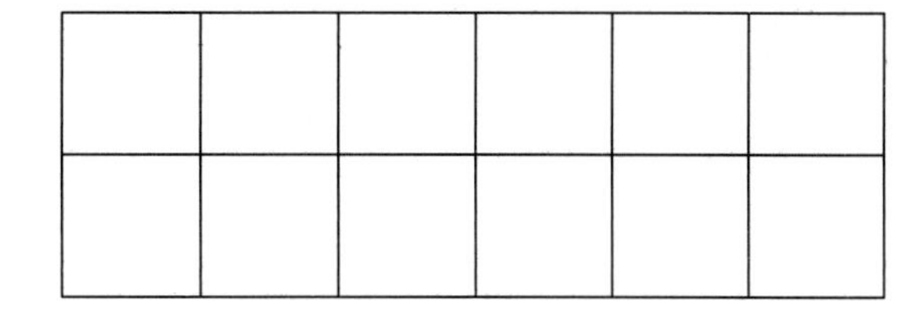

파란색과 노란색 두 종류의 카드를 그림과 같이 규칙적으로 늘어놓았습니다. 물음에 답하시오. [1~3]

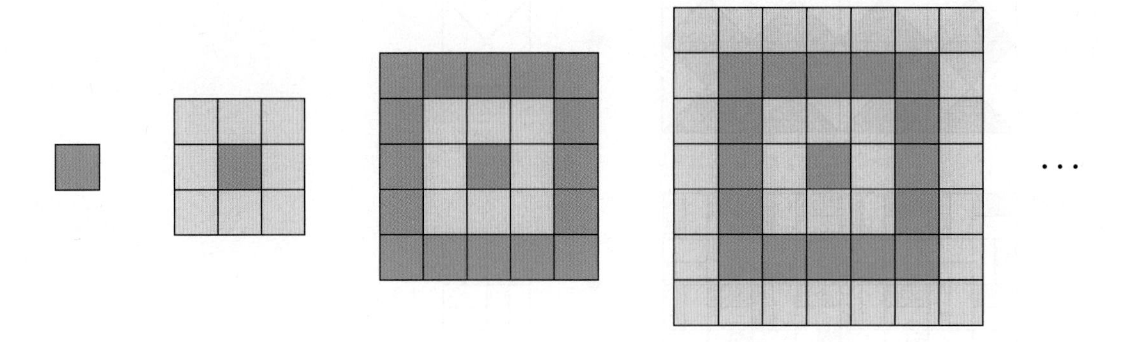

1 다섯 번째에 올 그림에서 사용될 파란색 카드는 몇 장인지 구하시오.

(　　　　　　　　)

2 다섯 번째에 올 그림에서 어떤 색 카드가 몇 장 더 사용되는지 구하시오.

(　　　　　　　　)

3 여섯 번째에 올 그림에서 노란색 카드는 몇 장 사용되는지 구하시오.

(　　　　　　　　)

다음과 같이 나무젓가락을 이용하여 작은 사각형 모양을 만들어 갑니다. 물음에 답하시오. [4~6]

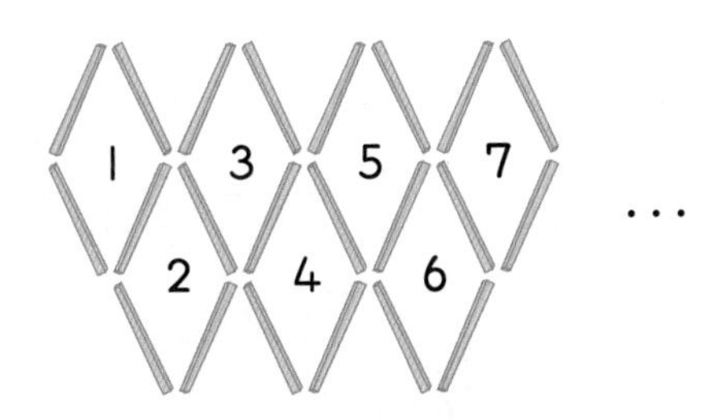

4 작은 사각형 100개를 만들 때 필요한 나무젓가락은 몇 개인지 구하시오.

(　　　　　　　　)

5 나무젓가락 182개로 작은 사각형을 몇 개까지 만들 수 있는지 구하시오.

(　　　　　　　　)

6 길이가 15 cm인 나무젓가락을 사용하여 작은 사각형 10개를 만들었을 때 도형 전체의 둘레의 길이는 몇 m 몇 cm인지 구하시오.

(　　　　　　　　)

크기가 같은 정사각형 모양의 종이를 다음 그림과 같이 규칙적으로 늘어놓았습니다. 물음에 답하시오. [7~9]

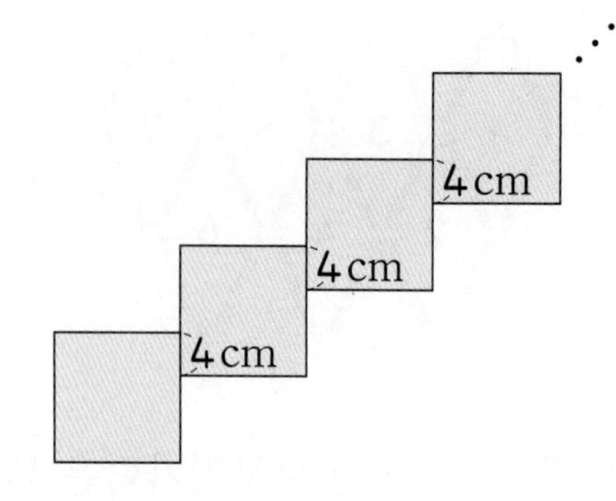

7 정사각형 모양의 종이를 100장 늘어놓았다면 잇는 부분은 몇 군데가 되는지 구하시오.

( )

8 한 변의 길이가 10 cm인 정사각형 모양의 종이 5장을 위와 같은 방법으로 늘어놓은 도형의 둘레의 길이는 몇 cm인지 구하시오.

( )

9 한 변의 길이가 8 cm인 정사각형 모양의 종이 10장을 위와 같은 방법으로 늘어놓은 도형의 둘레의 길이는 몇 m 몇 cm인지 구하시오.

( )

10 기본 도형을 이용하여 무늬를 꾸민 것입니다. 어떤 기본 도형으로 규칙을 정하여 꾸민 무늬입니까? (　　　)

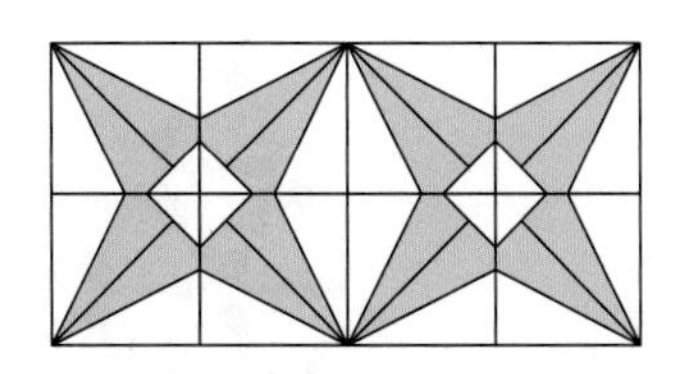

① 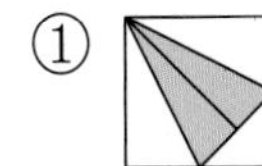　② 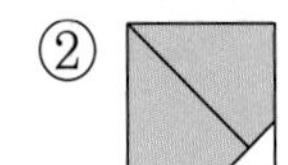　③ 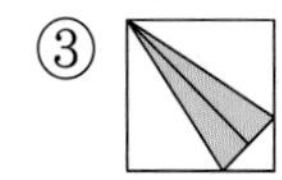　④ 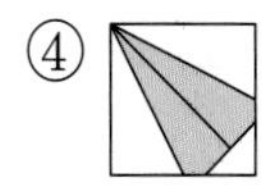　⑤ 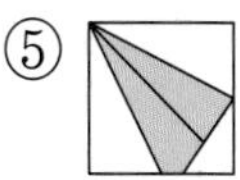

11 규칙적으로 꾸민 무늬의 일부분입니다. 남은 부분을 꾸며 보시오.

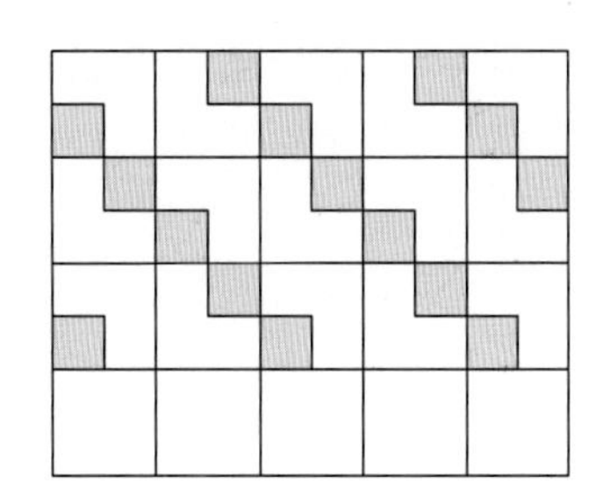

도형을 규칙적으로 배열하여 무늬를 꾸며 보시오. [12~13]

12

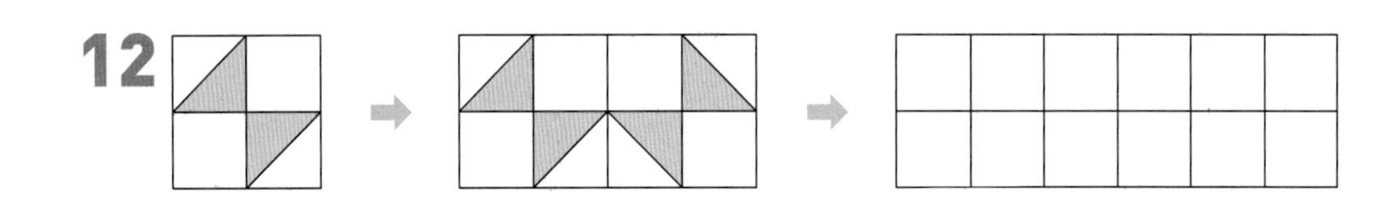

13

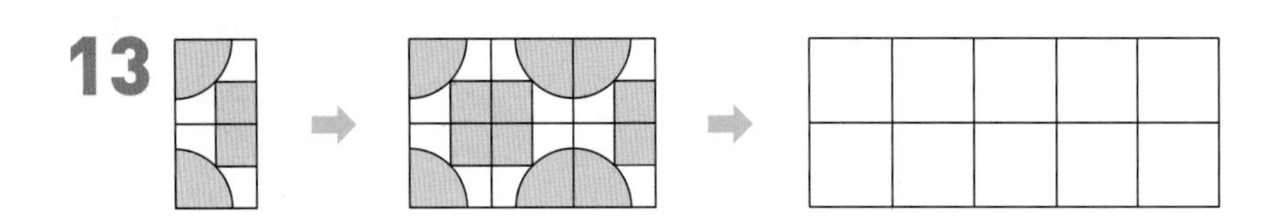

금메달 따기

생각의 샘

다음 그림과 같이 일정한 규칙에 따라 성냥개비로 삼각형 모양을 만들어 갑니다. 물음에 답하시오. [1~3]

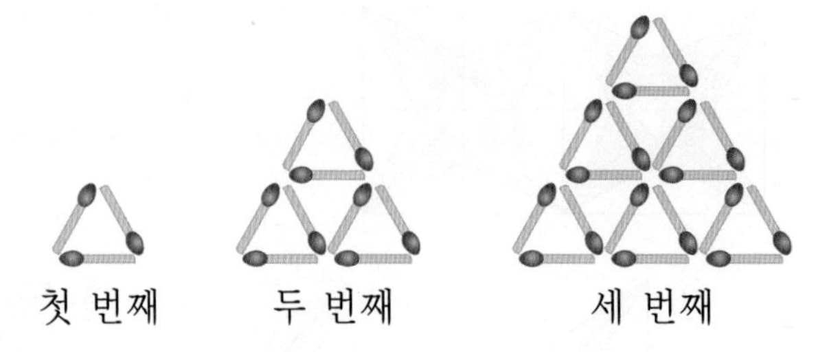

1 10번 째에 올 삼각형에서 사용될 성냥개비의 개수를 구하시오.

(　　　　　　　　　　)

> 첫 번째 모양의 삼각형의 개수가 몇 개인지를 먼저 구합니다.

2 성냥개비 1개의 길이가 5 cm일 때 20번째에 올 삼각형의 둘레의 길이는 몇 m인지 구하시오.

(　　　　　　　　　　)

> 20번째 도형의 한 변의 길이를 먼저 구합니다.

3 성냥개비 1개의 길이가 5 cm이고, 둘레의 길이가 120 cm인 삼각형을 만들었을 때 사용된 성냥개비는 몇 개인지 구하시오. (단, 만든 삼각형은 세 변의 길이가 모두 같은 삼각형입니다.)

(　　　　　　　　　　)

> 만든 삼각형은 세 변의 길이가 모두 같은 삼각형이므로 한 변의 길이는 (둘레의 길이)÷3입니다.

생각의 샘

4 바둑돌을 그림과 같은 규칙으로 늘어놓았습니다. 열 번째에 놓인 바둑돌은 무슨 색이 몇 개 더 많습니까?

바둑돌의 색과 개수의 두 가지 규칙을 찾아봅니다.

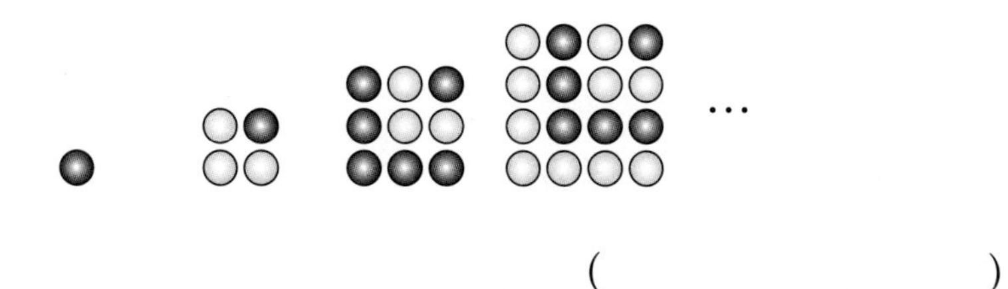

( )

5 그림과 같이 바둑돌을 놓으려고 합니다. 일곱째 번에는 어떻게 놓아야 할지 빈 곳에 그려 넣으시오.

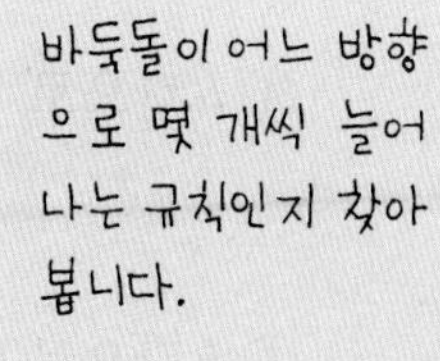
바둑돌이 어느 방향으로 몇 개씩 늘어나는 규칙인지 찾아봅니다.

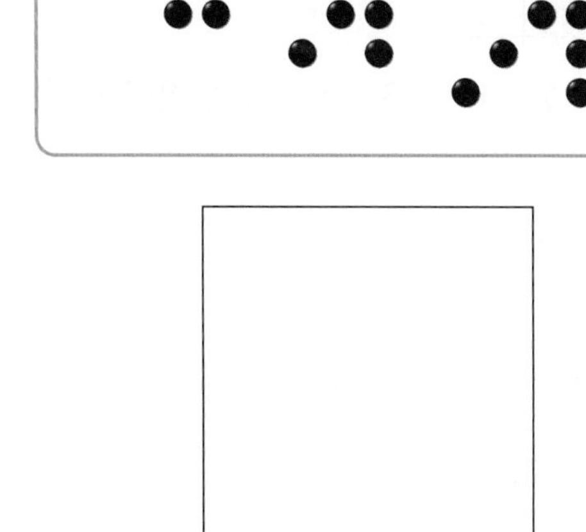

6 그림은 블록을 규칙에 따라 늘어놓아 무늬를 만든 것입니다. 블록 32개를 옆으로 나란히 늘어놓으면 사각형과 원은 각각 몇 개가 생깁니까?

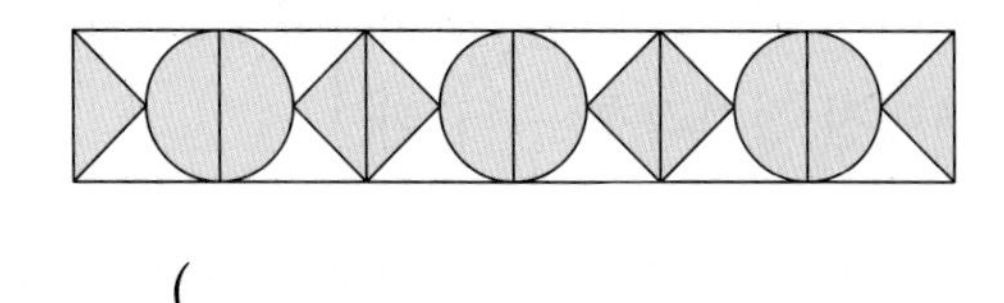

( )

개념 확인

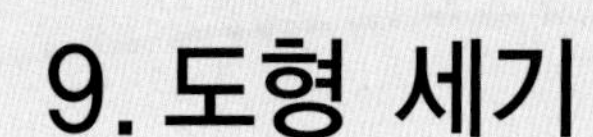

1. 직사각형의 계수 찾기

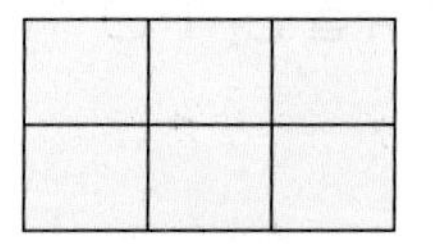

오른쪽 도형에서 찾을 수 있는 직사각형의 개수를 구하는 데에는 2가지 방법이 있습니다.

〈방법 1〉

① 1칸으로 이루어진 직사각형 : 모양 6개

② 2칸으로 이루어진 직사각형 : 모양 4개, 모양 3개

③ 3칸으로 이루어진 직사각형 : 모양 2개

④ 4칸으로 이루어진 직사각형 : 모양 2개

⑤ 6칸으로 이루어진 직사각형 : 모양 1개

따라서 직사각형은 모두 $6+4+3+2+2+1=18$(개) 찾을 수 있습니다.

〈방법 2〉

주어진 도형의 가로 한 줄에서 찾을 수 있는 직사각형의 개수와 세로 한 줄에서 찾을 수 있는 직사각형의 개수를 각각 구하여 서로 곱합니다.

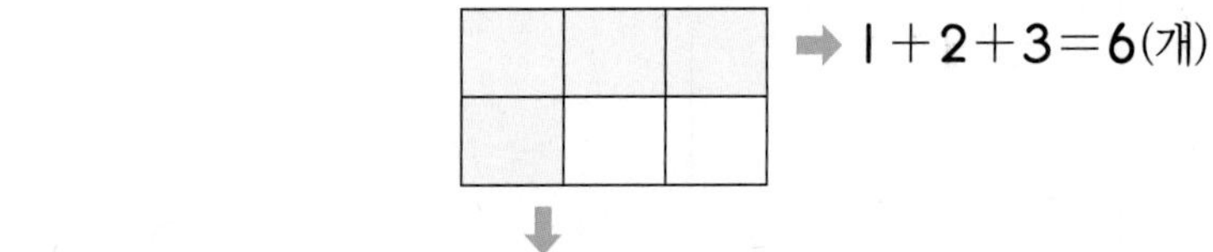

즉, 에서 찾을 수 있는 직사각형의 개수는 6개, 에서 찾을 수 있는 직사각형의 개수는 3개이므로 모두 $6\times3=18$(개) 찾을 수 있습니다.

2. 정사각형의 개수 찾기

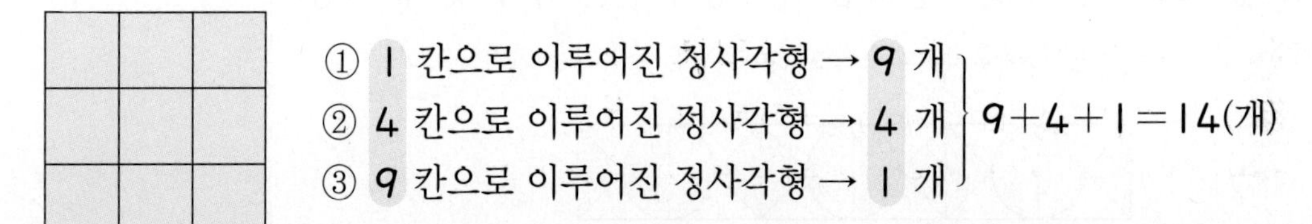

① 1 칸으로 이루어진 정사각형 → 9 개
② 4 칸으로 이루어진 정사각형 → 4 개
③ 9 칸으로 이루어진 정사각형 → 1 개

$9+4+1=14$(개)

색칠한 부분을 볼 때 나올 수 있는 정사각형의 종류는 1칸짜리, 4칸짜리, 9칸짜리이며 정사각형의 개수도 9개, 4개, 1개로 같아지는 것을 알 수 있습니다.

개념 익히기

1 다음 도형에서 찾을 수 있는 직사각형은 모두 몇 개인지 구하시오.

(　　　　　　　)

2 다음 도형에서 찾을 수 있는 직사각형은 모두 몇 개인지 알아보려고 합니다. □ 안에 알맞은 수를 써넣으시오.

〈방법 1〉

- 1칸짜리 □개　• 2칸짜리 □개
- 3칸짜리 □개　• 4칸짜리 □개
- 6칸짜리 □개　• 8칸짜리 □개

➡ □+□+□+□+□+□
=□(개)

〈방법 2〉

- 에서 찾을 수 있는 직사각형의 개수 : □개

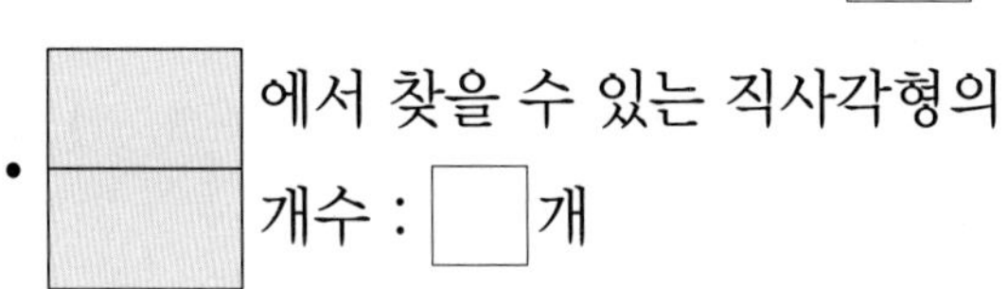

- 에서 찾을 수 있는 직사각형의 개수 : □개

➡ □×□=□(개)

3 다음 도형에서 찾을 수 있는 정사각형은 모두 몇 개인지 구하시오.

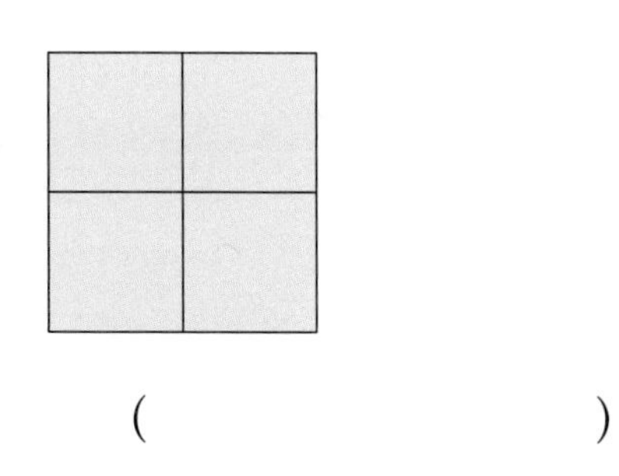

(　　　　　　　)

4 다음 도형에서 찾을 수 있는 직사각형은 모두 몇 개인지 구하시오.

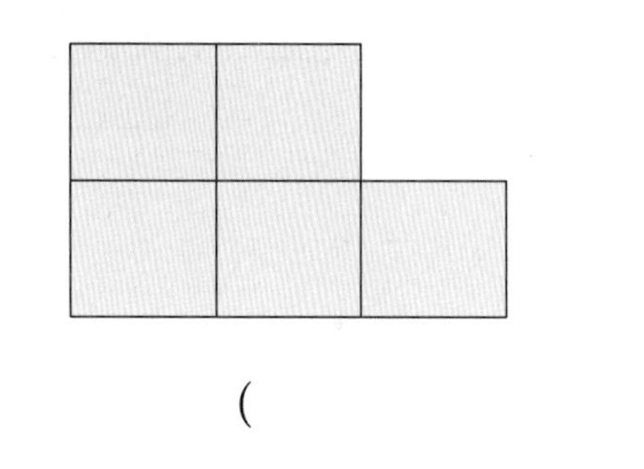

(　　　　　　　)

5 다음 도형에서 ★을 포함하는 직사각형은 몇 개인지 구하시오.

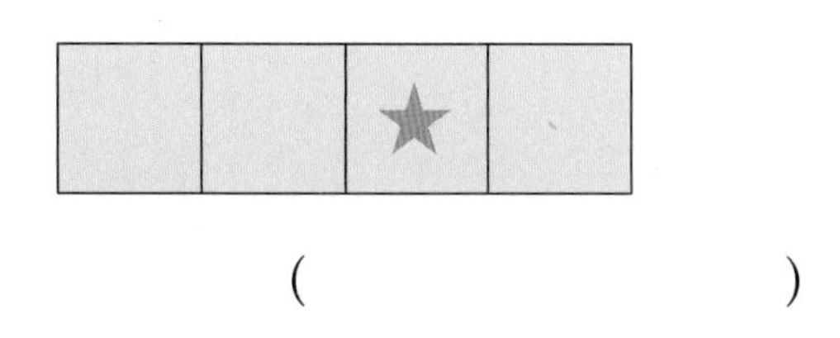

(　　　　　　　)

동메달 따기

1 다음 도형에서 찾을 수 있는 직사각형은 모두 몇 개인지 구하시오.

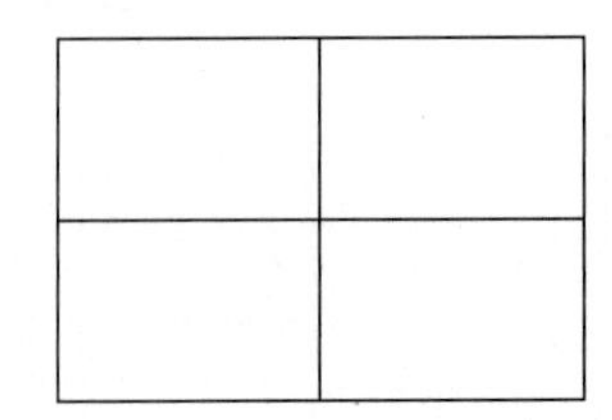

( )

2 다음 도형에서 찾을 수 있는 직사각형은 모두 몇 개인지 구하시오.

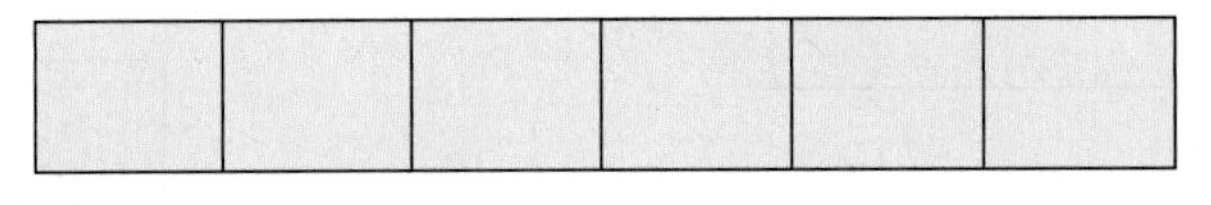

( )

3 다음 도형에서 찾을 수 있는 직사각형은 모두 몇 개인지 구하시오.

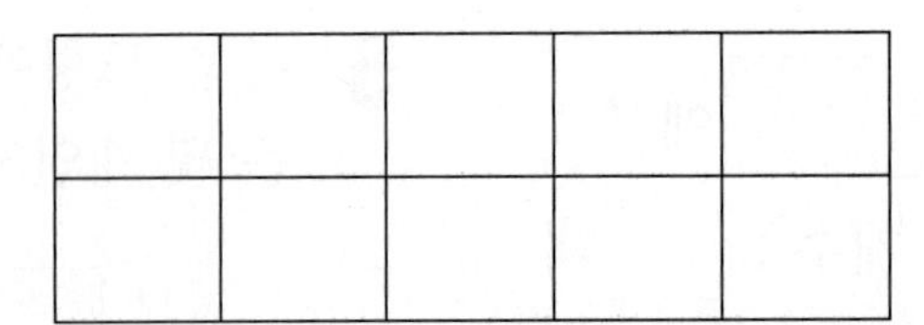

( )

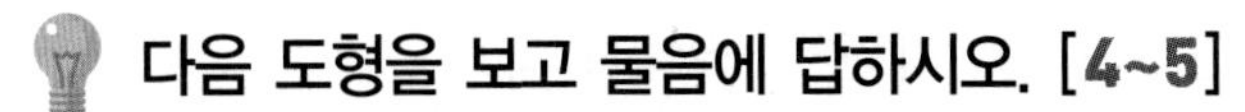

다음 도형을 보고 물음에 답하시오. [4~5]

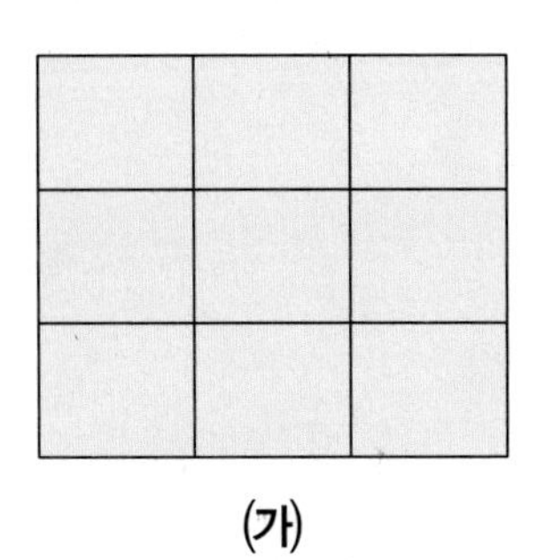
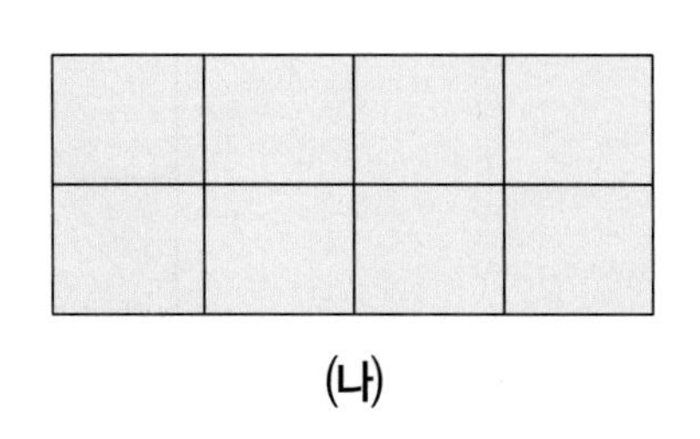

(가) (나)

4 도형 (가)에서 찾을 수 있는 직사각형은 모두 몇 개입니까?

( )

5 도형 (가)에서 찾을 수 있는 직사각형은 도형 (나)에서 찾을 수 있는 직사각형의 개수보다 몇 개 더 많습니까?

( )

6 다음 도형에서 찾을 수 있는 정사각형은 모두 몇 개인지 구하시오.

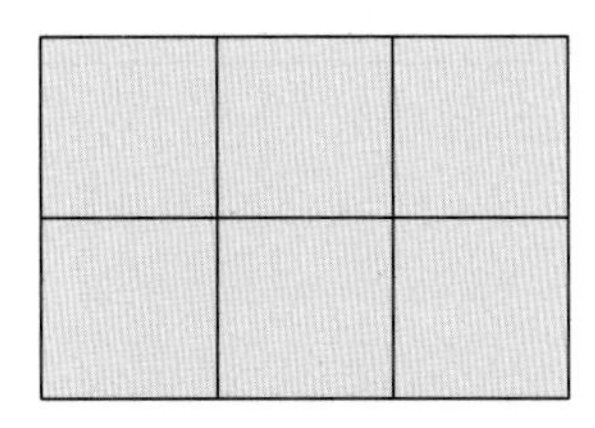

( )

7 다음 도형에서 찾을 수 있는 정사각형은 모두 몇 개인지 구하시오.

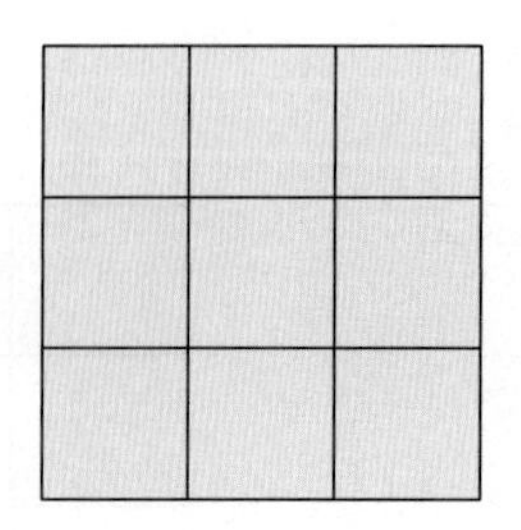

(   )

다음 도형을 보고 물음에 답하시오. [8~9]

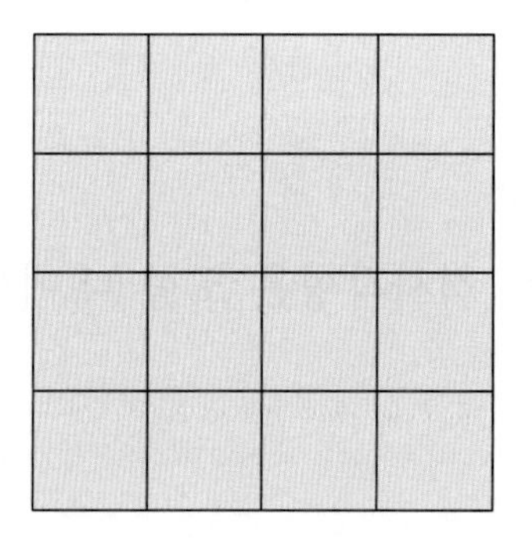

8 □ 안에 알맞은 수를 써넣으시오.

찾을 수 있는 정사각형의 종류는 □칸으로 이루어진 것, □칸으로 이루어진 것, □칸으로 이루어진 것, □칸으로 이루어진 것이 있으므로 4가지 종류입니다.

9 찾을 수 있는 정사각형은 모두 몇 개입니까?

(   )

10 다음 도형에서 찾을 수 있는 직사각형은 모두 몇 개인지 구하시오.

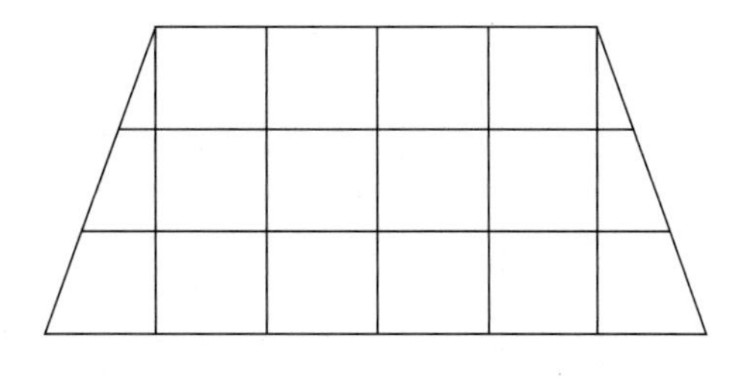

(　　　　　　　)

11 다음 도형에서 찾을 수 있는 직사각형의 개수와 정사각형의 개수의 차를 구하시오.

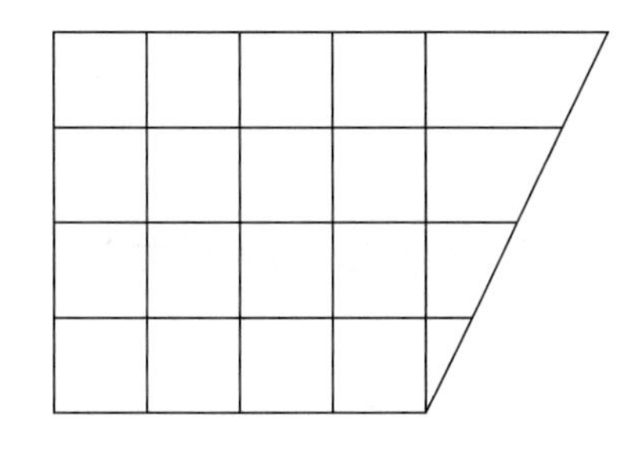

(　　　　　　　)

12 다음 도형에서 찾을 수 있는 정사각형은 모두 몇 개인지 구하시오.

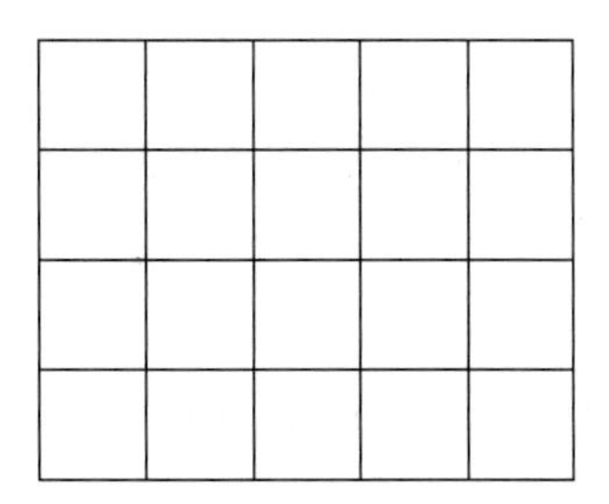

(　　　　　　　)

다음 도형을 보고 물음에 답하시오. [1~4]

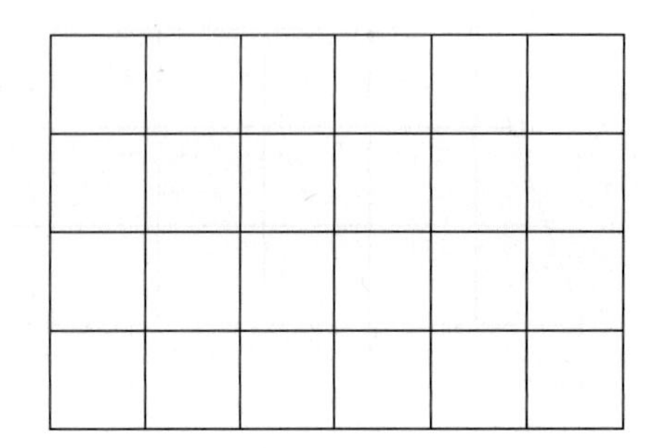

1 찾을 수 있는 직사각형은 모두 몇 개입니까?

( )

2 4칸으로 이루어진 정사각형은 모두 몇 개입니까?

( )

3 9칸으로 이루어진 정사각형은 모두 몇 개입니까?

( )

4 찾을 수 있는 정사각형은 모두 몇 개입니까?

( )

다음 도형을 보고 물음에 답하시오. [5~7]

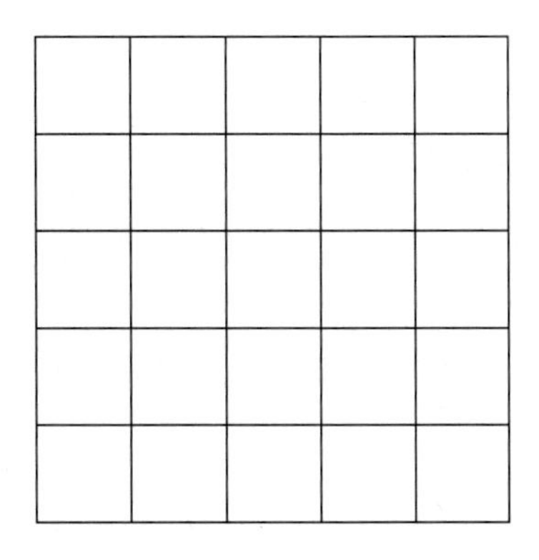

5 찾을 수 있는 직사각형은 모두 몇 개입니까?

(　　　　　　　　)

6 찾을 수 있는 정사각형 중 두 번째로 큰 정사각형은 몇 칸으로 이루어져 있습니까?

(　　　　　　　　)

7 찾을 수 있는 정사각형 중 세 번째로 큰 정사각형 1개를 그리고, 그 정사각형에서 찾을 수 있는 직사각형은 모두 몇 개인지 구하시오.

(　　　　　　　　)

다음 보기를 보고 물음에 답하시오. [8~10]

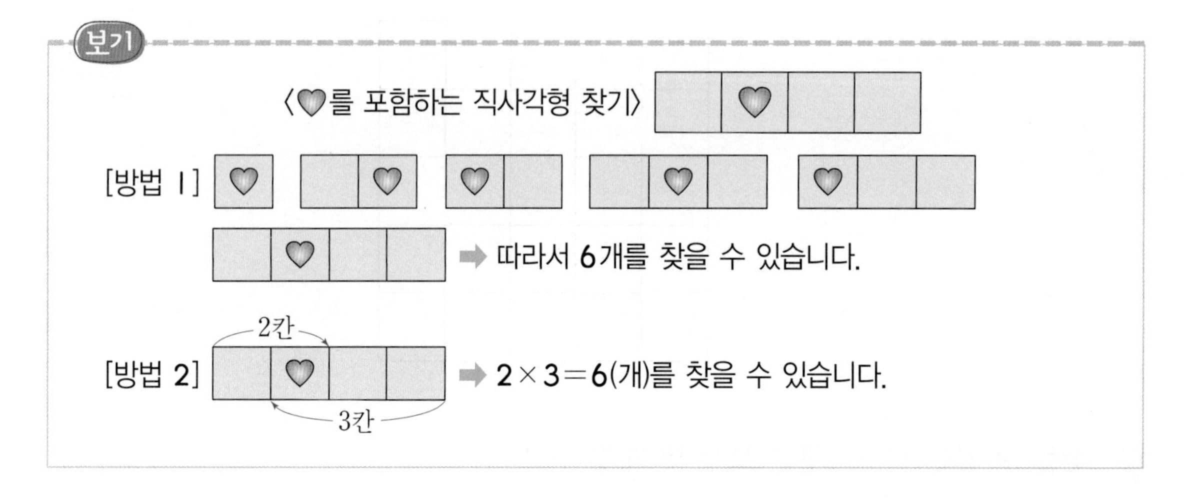

8 다음 도형에서 ♡를 포함하는 직사각형의 개수를 [방법 1]을 사용하여 구하시오.

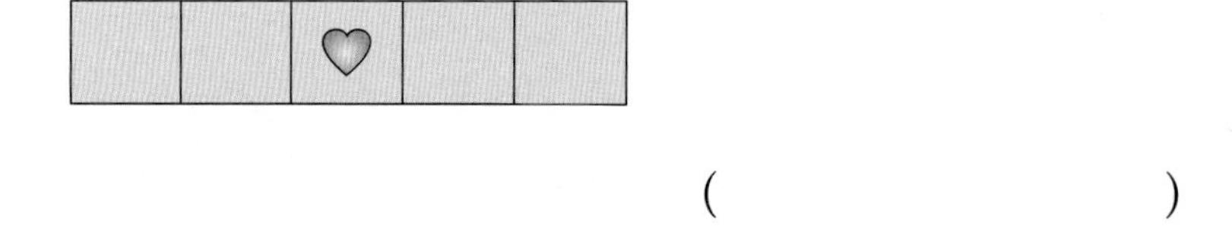

(　　　　　　　　)

9 다음 도형에서 ♡를 포함하는 직사각형의 개수를 [방법 2]를 사용하여 구하시오.

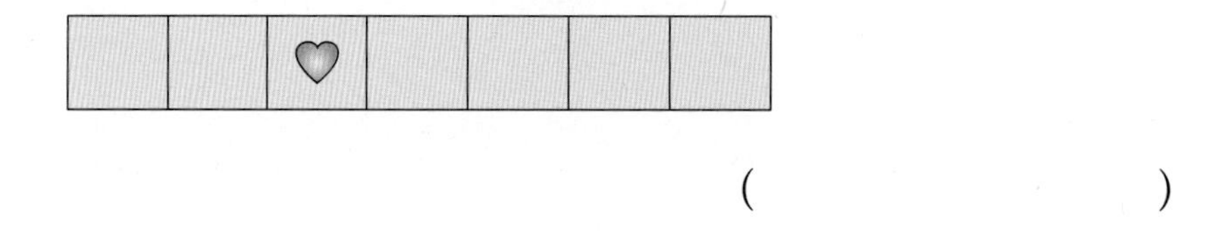

(　　　　　　　　)

10 다음 도형에서 ☆을 포함하는 직사각형의 개수를 [방법 2]를 사용하여 구하시오.

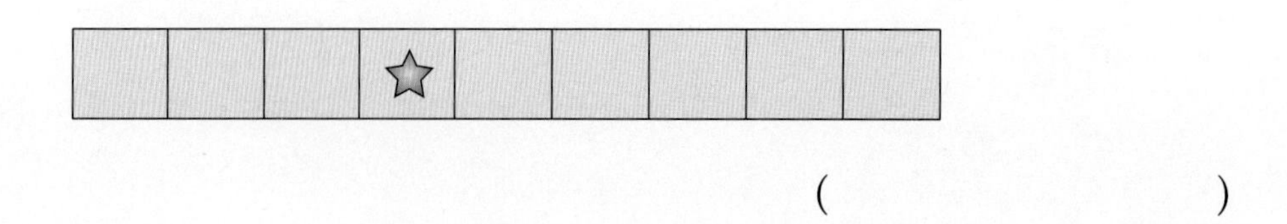

(　　　　　　　　)

11 다음 도형에서 ☺을 포함하는 직사각형은 모두 몇 개인지 구하시오.

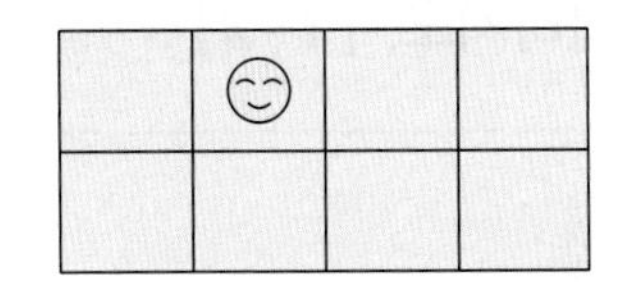

( )

12 다음 도형에서 ▲을 포함하는 정사각형은 모두 몇 개인지 구하시오.

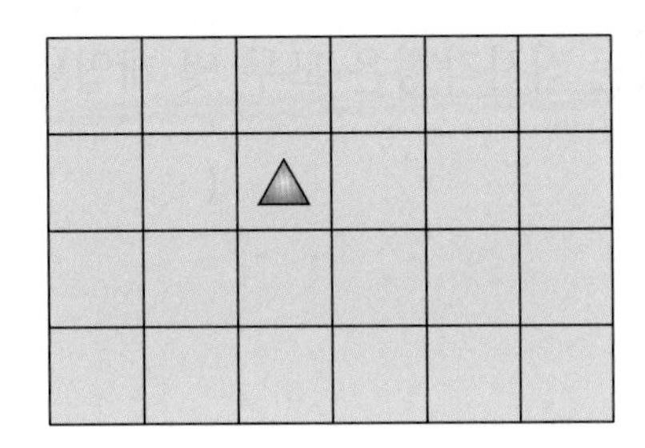

( )

13 다음 도형에서 ★을 포함하는 정사각형은 모두 몇 개인지 구하시오.

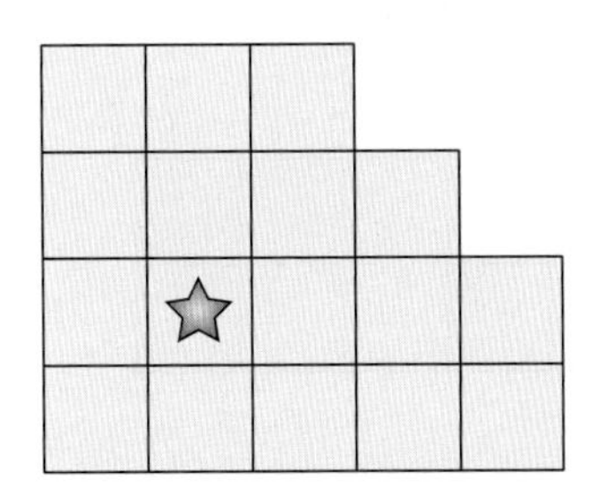

( )

금메달 따기

도형 ㈎에서 찾을 수 있는 직사각형의 개수는 다음과 같은 방법으로 구하면 편리합니다. 물음에 답하시오. [1~2]

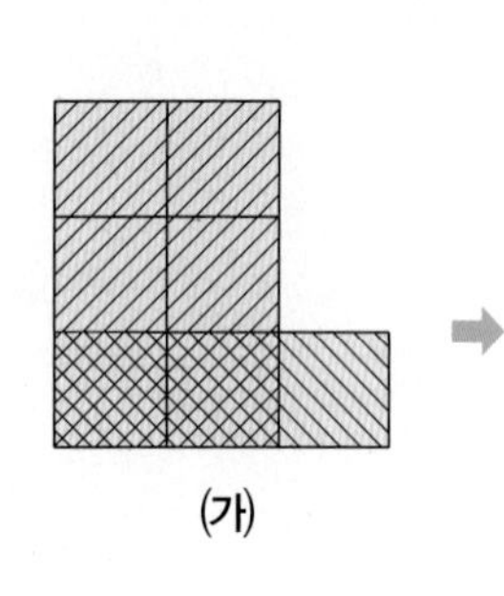
㈎

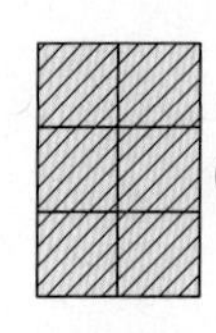 에서 찾을 수 있는 직사각형의 개수와 에서 찾을 수 있는 직사각형의 개수를 더한 뒤, 겹친 부분 에서 찾을 수 있는 직사각형의 개수를 빼서 구합니다.

1 도형 ㈎에서 찾을 수 있는 직사각형은 모두 몇 개입니까?

( )

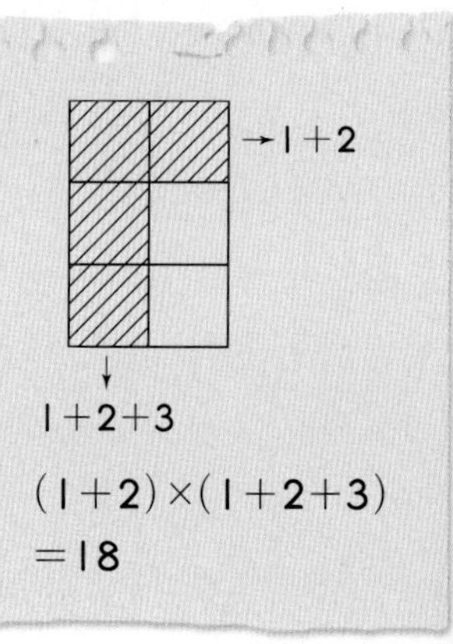

2 위와 같은 방법을 참고하여 다음 도형에서 찾을 수 있는 직사각형의 개수를 구하시오.

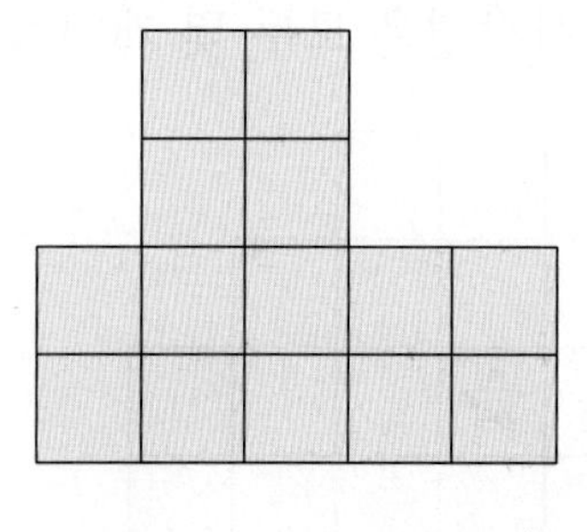

( )

겹친 부분의 모양은 다음과 같습니다.

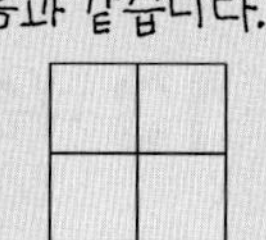

생각의 샘

3 다음 도형에서 찾을 수 있는 직사각형은 모두 몇 개인지 구하시오.

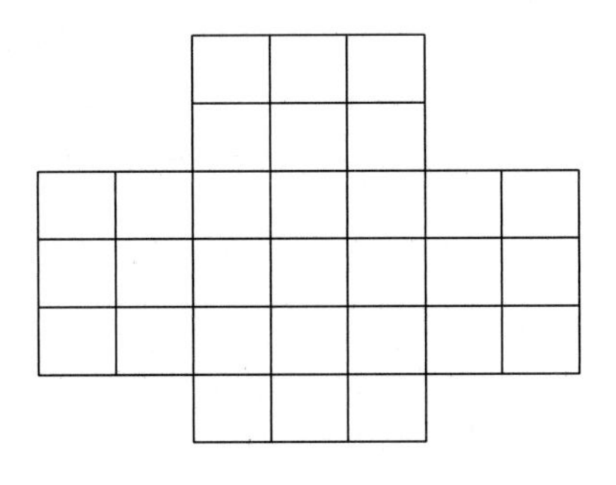

(　　　　　　　　　　)

겹친 부분의 모양은 다음과같습니다.

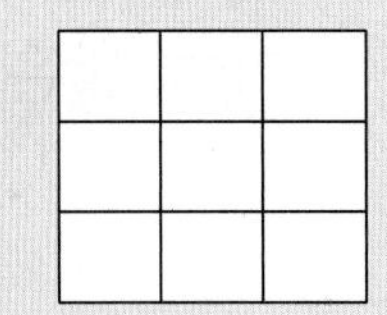

4 오른쪽 그림과 같이 직사각형 ㄱㄴㄷㄹ을 여러 개의 작은 정사각형으로 나누어 그립니다. 직사각형 ㄱㄴㄷㄹ에서 찾을 수 있는 직사각형이 모두 60개라면 직사각형 ㄱㄴㄷㄹ은 가장 작은 정사각형 몇 개로 나누어 그린 것입니까?

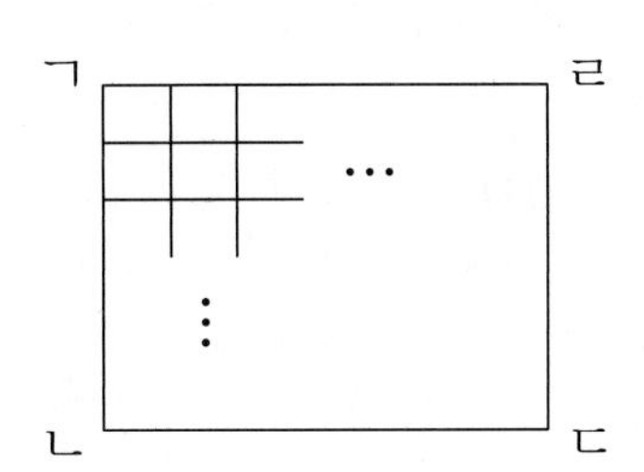

(　　　　　　　　　　)

(전체 직사각형의 개수)=(가로 방향으로 찾을 수 있는 직사각형의 개수)×(세로 방향으로 찾을 수 있는 직사각형의 개수)

5 오른쪽 그림과 같이 직사각형 ㄱㄴㄷㄹ을 여러 개의 작은 정사각형으로 나누어 그립니다. 직사각형 ㄱㄴㄷㄹ에서 찾을 수 있는 직사각형이 모두 90개일 때 찾을 수 있는 정사각형은 모두 몇 개입니까?

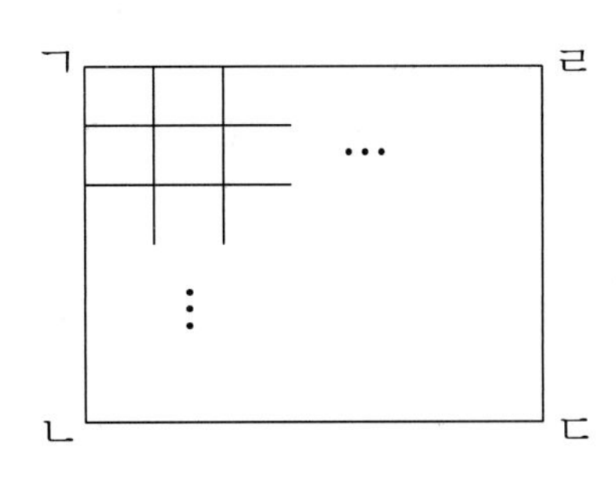

(　　　　　　　　　　)

먼저 찾을 수 있는 직사각형의 개수를 이용하여 전체 도형을 알아봅니다.

총괄 평가

맞은 개수	20~18	17~16	15~14	13~
평 가	최우수	우수	보통	노력요함

1 주전자에 가득 담긴 물은 물컵으로 10컵, 냄비에 가득 담긴 물은 같은 컵으로 14컵 덜어 내었습니다. 주전자와 냄비 중 들이가 더 많은 것은 무엇입니까?

(　　　　　　　　)

2 양동이에 물을 채우는 데 각각의 그릇으로 부은 횟수입니다. 물음에 답하시오.

그릇	가	나	다
부은 횟수(회)	10	16	21

(1) 어떤 그릇으로 부은 횟수가 가장 많습니까?

(　　　　　　　　)

(2) 양동이의 들이는 가 그릇의 들이의 몇 배입니까?

(　　　　　　　　)

3 □ 안에 알맞은 수를 써넣으시오.

(1) 4 L 700 mL= □ mL

(2) 5100 mL= □ L □ mL

4 들이를 비교하여 ○ 안에 >, =, <를 알맞게 써넣으시오.

2 L 400mL+3 L 200 mL ○ 5 L 800 mL

5 한솔이는 딸기 우유 2 L 400 mL 중에서 1 L 200 mL를 마셨습니다. 남은 딸기 우유는 몇 L 몇 mL입니까?

(　　　　　　　　)

6 양팔 저울에 사과, 당근, 오이의 무게를 달아 보았습니다. 가장 무거운 것은 어느 것입니까?

( )

7 물건의 무게를 재는 데 kg과 g 중 적절한 단위를 쓰시오.

(1) 연필 ➡ ( )

(2) 치약 ➡ ( )

(3) 볼펜 ➡ ( )

(4) 피아노 ➡ ( )

8 감 5개를 바구니에 담아 무게를 재면 모두 몇 kg 몇 g입니까?

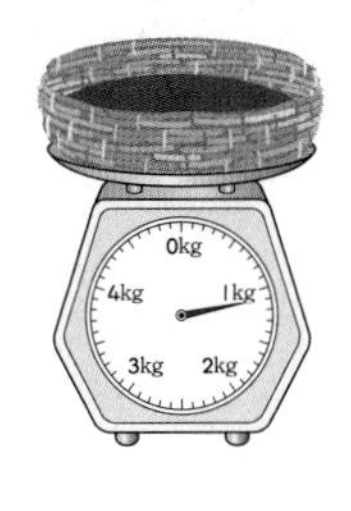

( )

9 더 무거운 것을 찾아 기호를 쓰시오.

㉠ 3 kg 100 g+5 kg 600 g

㉡ 3 kg 300 g+4 kg 400 g

( )

10 배를 담은 상자의 무게가 5 kg 800 g입니다. 배만의 무게가 4 kg 600 g일 때, 빈 상자의 무게는 몇 kg 몇 g입니까?

( )

다음 도형을 보고 물음에 답하시오. [11~13]

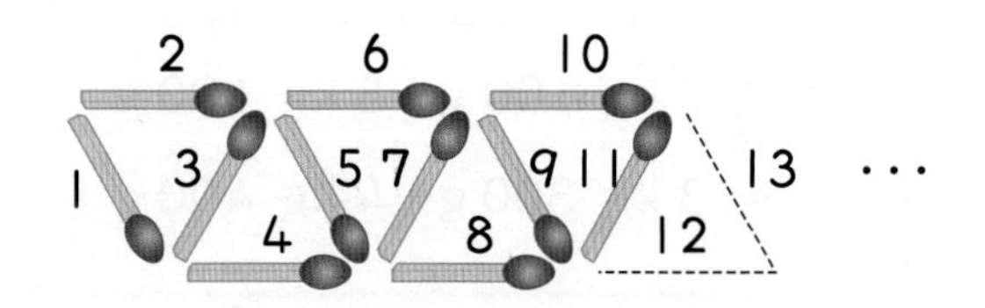

11 다음 빈칸을 채우시오.

삼각형의 개수(개)	필요한 성냥개비의 개수(개)
1	3
2	5
3	
4	
5	
···	···

12 삼각형 10개를 만드는 데 필요한 성냥개비는 몇 개인지 구하시오.

(　　　　　　　　)

13 삼각형 30개를 만드는 데 필요한 성냥개비는 몇 개인지 구하시오.

(　　　　　　　　)

14 보도블록에서 기본 무늬를 찾아 그려 보시오.

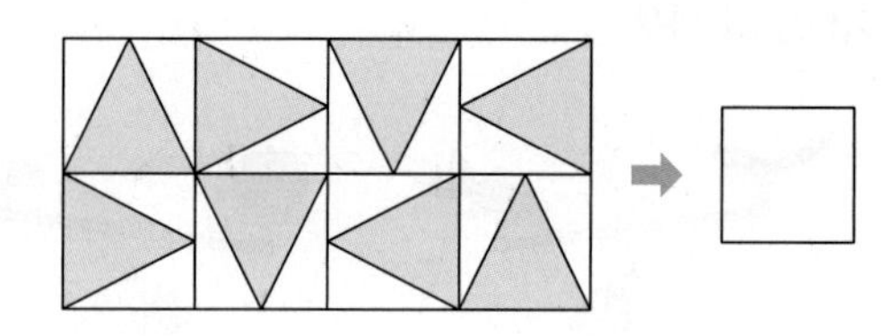

15 규칙에 따라 다음에 올 무늬를 꾸며 보시오.

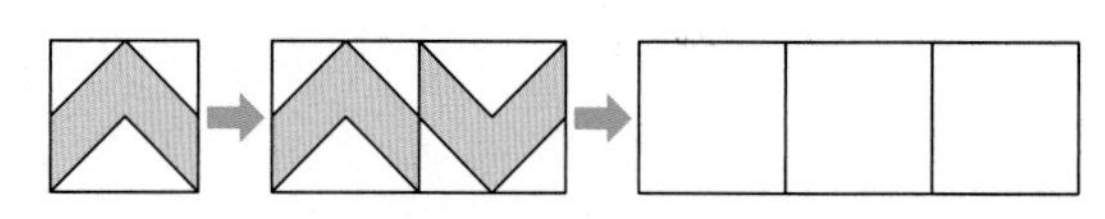

16 다음 도형에서 찾을 수 있는 직사각형은 모두 몇 개인지 구하시오.

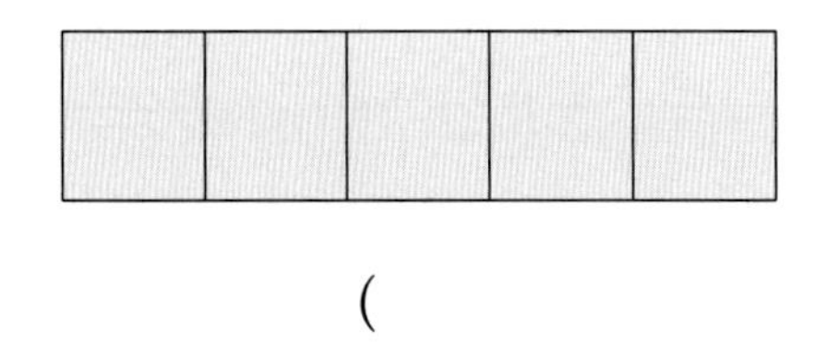

( )

17 다음 도형에서 찾을 수 있는 직사각형은 모두 몇 개인지 구하시오.

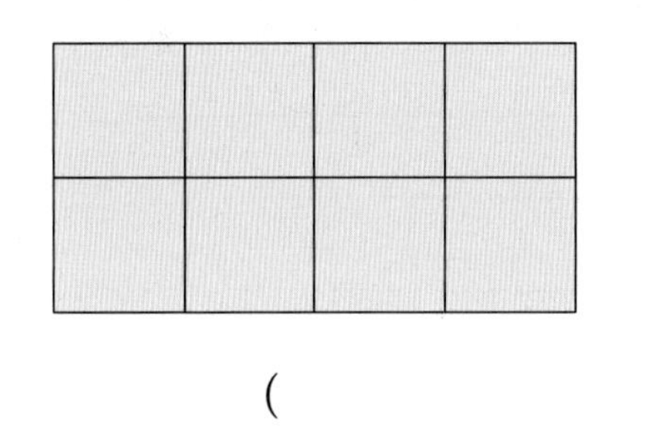

( )

18 다음 도형에서 ★을 포함하는 직사각형은 모두 몇 개인지 구하시오.

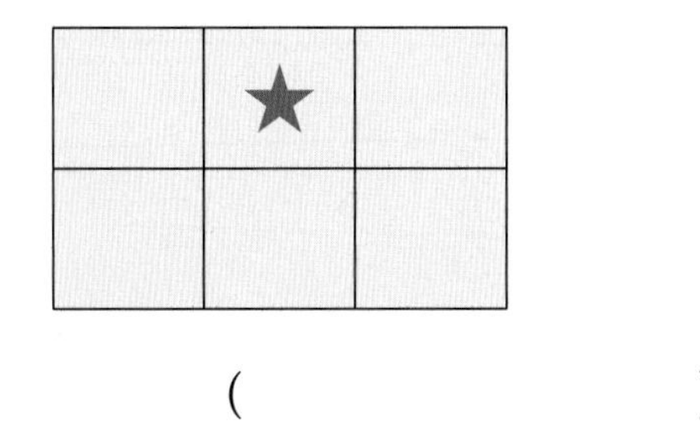

( )

19 다음 도형에서 찾을 수 있는 정사각형은 모두 몇 개인지 구하시오.

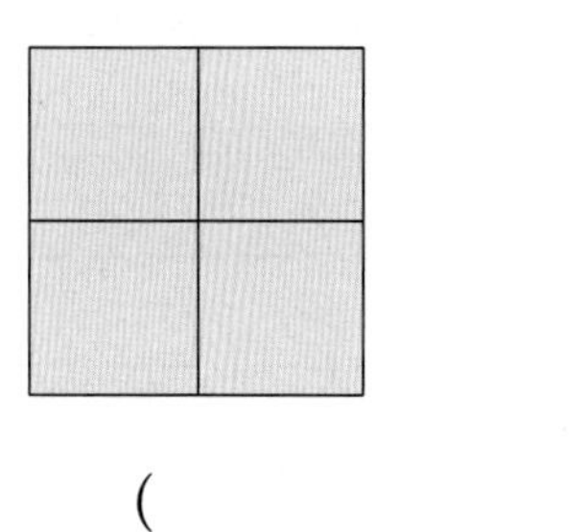

( )

20 다음 도형에서 ♠을 포함하는 정사각형은 모두 몇 개인지 구하시오.

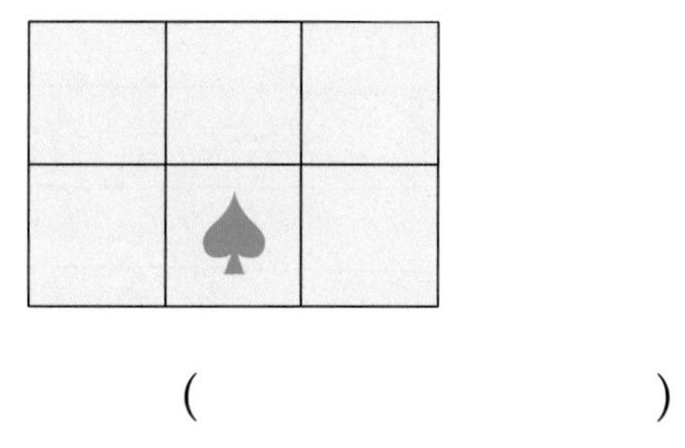

( )

MEMO

꼭
알아야 할
도형

3 학년이
꼭 알아야 할
도형

정답과
풀이

(주)에듀왕
www.왕수학.com

정답과 풀이

3학년

1. 평면도형 알아보기

개념 익히기 page. 5

1. (1) 선분 (2) 반직선 (3) 직선
2. ㄴ, ㄴㄱ, ㄴㄷ, ㄱㄴㄷ 또는 ㄷㄴㄱ
3. 풀이 참조
4. 3, 3, 1
5. 6개
6. 정사각형

3. 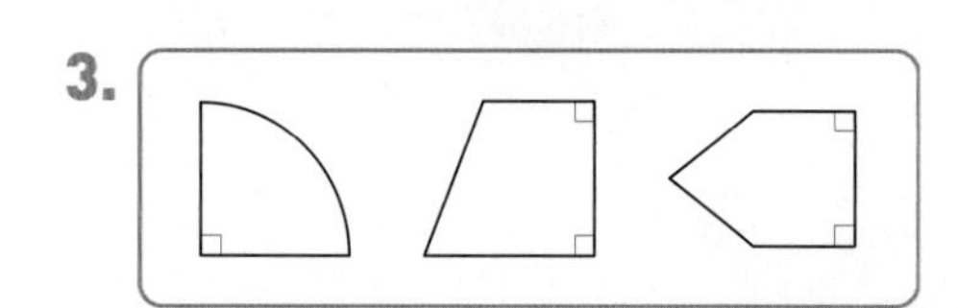

4. 직각삼각형은 각, 변, 꼭짓점이 3개씩 있고, 직각은 1개 있습니다.

5. ① ② ③ ④ ⑤ ⑥ ➡ 6개

6. 네 각이 모두 직각이고 네 변의 길이가 모두 같은 사각형이므로 정사각형이 됩니다.

동메달 따기 page. 6~9

1. ㉢
2. 각
3. 변, 꼭짓점, 각
4. 2개
5. 직각삼각형
6. 3개
7. 직사각형, 정사각형
8. 각 ㄱㄴㄷ 또는 각 ㄷㄴㄱ
9. 8개
10. 직각삼각형이 아닙니다. 직각이 없기 때문입니다.
11. 정사각형이 아닙니다. 네 각이 모두 직각이지만 네 변의 길이가 모두 같지 않기 때문입니다.
12. 3 cm

1. ㉠ 곧은 선이 아닙니다.
㉡ 선분 ㄱㄴ 또는 선분 ㄴㄱ입니다.
㉢ 점 ㄱ에서 시작하여 점 ㄴ을 지나는 반직선입니다.
㉣ 직선 ㄱㄴ 또는 직선 ㄴㄱ입니다.

5. 한 각이 직각인 삼각형이므로 직각삼각형입니다.

6. 한 각이 직각인 삼각형을 찾으면 가, 라, 마이므로 직각삼각형은 3개입니다.

10. 직각삼각형은 한 각이 직각인 삼각형입니다.

11. 정사각형은 네 각이 모두 직각이고 네 변의 길이가 모두 같습니다.

12. 변 ㄴㄷ의 길이는 변 ㄱㄹ의 길이와 같으므로 3 cm입니다.

은메달 따기 page. 10~13

1. 16개
2. 17개
3. 4개
4. 9개
5. 나, 라, 사
6. ③
7. ⑤
8. 5개
9. 12개
10. 10 cm
11. 직사각형이 아닙니다. 네 각이 모두 직각이어야 하는데 그렇지 않기 때문입니다.
12. 7개

1. 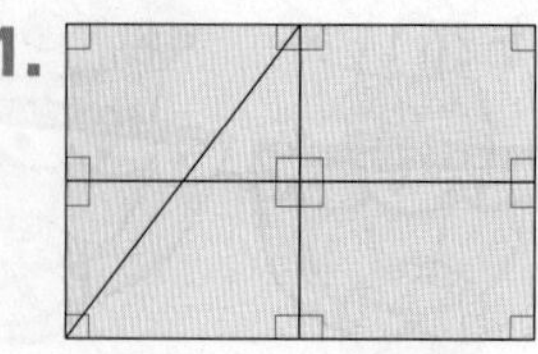

 인 곳을 찾으면 모두 16개입니다.

2. 직각삼각형에는 직각이 1개, 직사각형에는 직각이 4개이므로
직각은 모두 $5+(4\times3)=17$(개)입니다.

3.

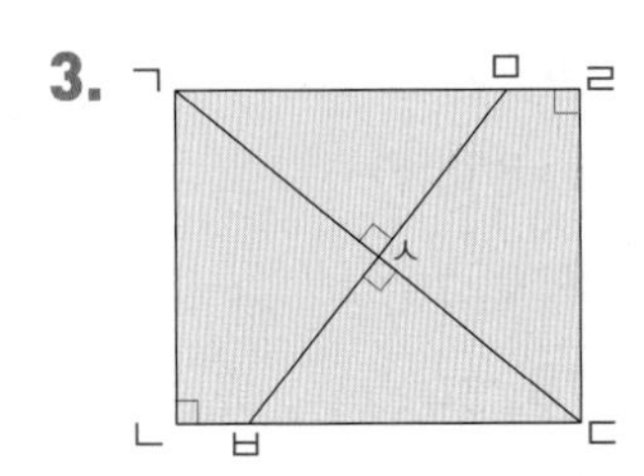

삼각형 ㄱㄴㄷ, 삼각형 ㄱㄹㄷ, 삼각형 ㄱㅅㅁ, 삼각형 ㄷㅅㅂ으로 모두 4개입니다.

4. 모양 4개,

모양 2개,

모양 2개,

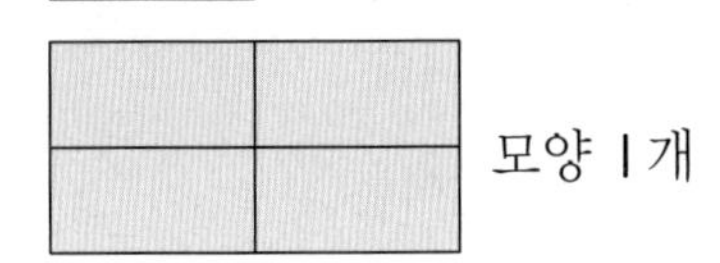
모양 1개

따라서 모두 $4+2+2+1=9$(개)입니다.

5. 정사각형은 4개의 각이 모두 직각이므로 직사각형입니다.

6. ③ 직사각형은 네 변의 길이가 다를 수 있습니다.

7. 각의 개수는 다음과 같습니다.
① 3개 ② 0개 ③ 4개 ④ 4개 ⑤ 5개
따라서 각의 개수가 가장 많은 도형은 ⑤입니다.

8.

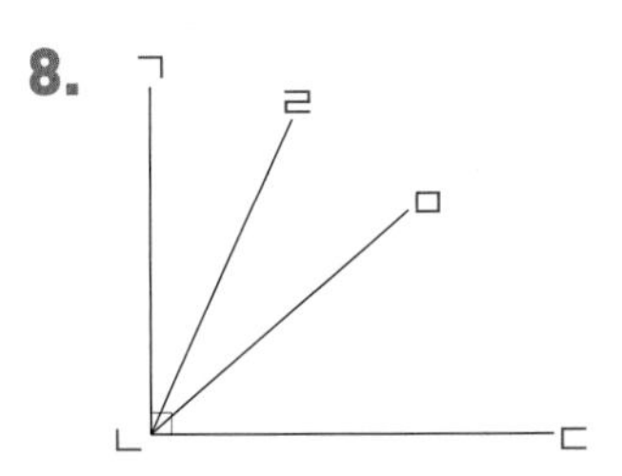

각 ㄱㄴㄹ, 각 ㄱㄴㅁ, 각 ㄹㄴㅁ, 각 ㄹㄴㄷ, 각 ㅁㄴㄷ이므로 5개입니다.

9. 직각으로 나타낸 부분이므로 모두 12개입니다.

10. 12 cm, 10 cm, 10 cm, 20 cm

왼쪽 그림과 같이 자를 때 가장 큰 정사각형이 만들어집니다.
따라서 10 cm입니다.

12. 직각삼각형 3개에서 찾을 수 있는 직각은 3개이므로 정사각형에서 찾을 수 있는 직각은
$31-3=28$(개)입니다.
따라서 $28=4\times7$에서 정사각형은 7개 있습니다.

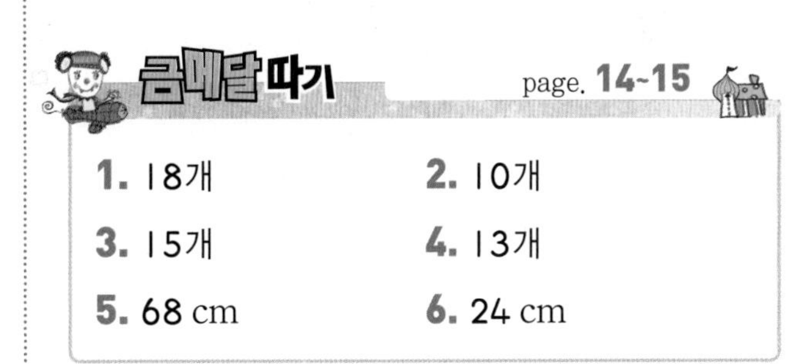

금메달 따기 page. 14~15

1. 18개	**2.** 10개
3. 15개	**4.** 13개
5. 68 cm	**6.** 24 cm

1. 1칸으로 이루어진 직각삼각형은 8개,
2칸으로 이루어진 직각삼각형은 8개,
4칸으로 이루어진 직각삼각형은 2개입니다.
따라서 모두 $8+8+2=18$(개)입니다.

2. 각 ㄴㄱㄹ, 각 ㄴㄱㅁ, 각 ㄴㄱㄷ, 각 ㄹㄱㅁ, 각 ㄹㄱㄷ, 각 ㅁㄱㄷ, 각 ㄱㄴㄹ, 각 ㄱㄹㅁ, 각 ㄱㅁㄹ, 각 ㄱㄷㅁ이므로 모두 10개입니다.

3.

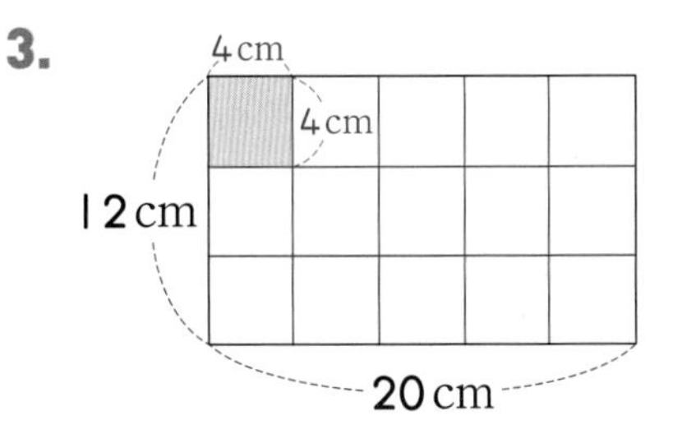

$12=4\times3$, $20=4\times5$이므로 그림과 같이 자르면 됩니다.
따라서 한 변의 길이가 4 cm인 정사각형은 15개를 만들 수 있습니다.

4. 삼각형 1개짜리 : 6개
삼각형 2개짜리 : 4개
삼각형 3개짜리 : 2개
삼각형 6개짜리 : 1개
➡ $6+4+2+1=13$(개)

5. 큰 정사각형의 한 변의 길이는
$12+5=17$(cm)이므로
네 변의 길이의 합은
$17+17+17+17=68$(cm)입니다.

6. 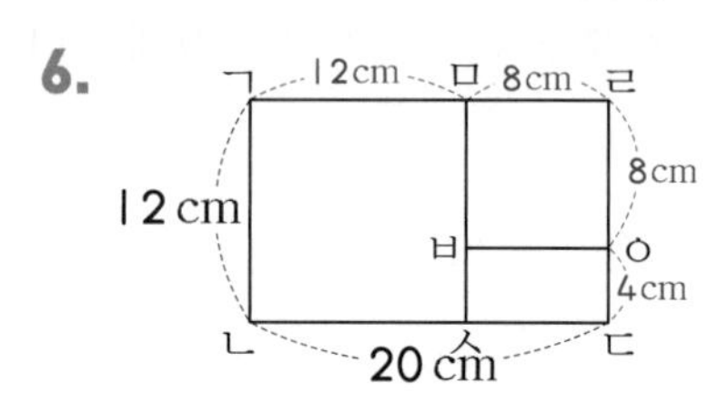

사각형 ㅂㅅㄷㅇ의 네 변의 길이의 합은
$8+4+8+4=24$(cm)입니다.

2. 평면도형의 둘레 알아보기

개념 익히기 page. 17

1. 24 cm
2. 32 cm
3. 24 cm
4. 30 cm
5. 32 cm
6. 36 cm

1. $6+8+10=24$(cm)
2. $6+10+6+10=32$(cm)
3. $6\times4=24$(cm)
4. $6+9+6+9=30$(cm)
5. $8\times4=32$(cm)
6. $(10+4+4)\times2=36$(cm)

똑 정답 따기 page. 18~21

1. 23 cm
2. 22 cm
3. 20 cm
4. 17 cm
5. 가, 2 cm
6. 8 cm
7. 32 cm
8. 2 cm
9. 20 cm
10. 34 cm
11. 나
12. 32 cm

1. $5+8+10=23$(cm)
2. $4+7+4+7=22$(cm) 또는
$(4+7)\times2=22$(cm)
3. 정사각형의 네 변의 길이는 모두 같습니다.
$5\times4=20$(cm)
4. 나머지 한 변의 길이는 7 cm이므로
$7+7+3=17$(cm)입니다.
5. 직사각형 가의 둘레의 길이는
$(5+10)\times2=30$(cm),
정사각형 나의 둘레의 길이는
$7\times4=28$(cm)이므로
가가 나보다 $30-28=2$(cm) 더 깁니다.
6. $24=8\times3$이므로 삼각형의 한 변의 길이는 8 cm입니다.

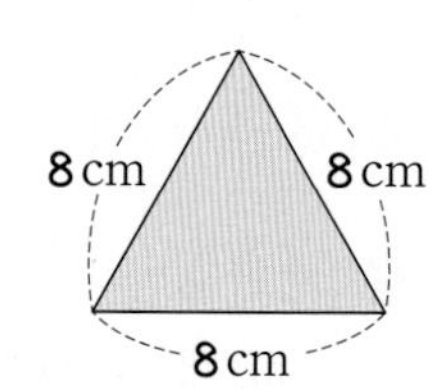

7. 

직사각형 1개의 둘레의 길이는
$(3+5)\times2=16$(cm)
이므로 직사각형 2개의 둘레의 길이는 $16+16=32$(cm)입니다.

8. 정사각형의 둘레의 길이는 $8\times4=32$(cm),
직사각형의 둘레의 길이는
$(10+5)\times2=30$(cm)이므로
$32-30=2$(cm) 더 깁니다.
9. $38-(8+5+5)=20$(cm)

10.

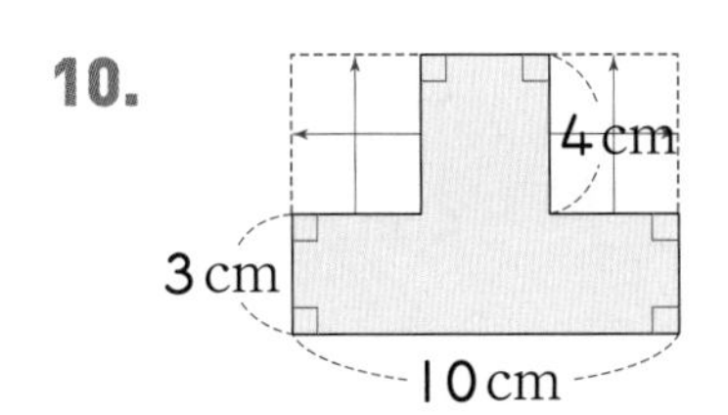

가로가 10 cm, 세로가 7 cm인 직사각형의 둘레의 길이와 같은 것으로 생각할 수 있으므로 $(10+7)\times2=34$(cm)입니다.

11. 도형 가의 둘레의 길이는
$(2+4)\times2=12$(cm),
도형 나의 둘레의 길이는 $4\times4=16$(cm)이므로 도형 나의 둘레의 길이가 더 깁니다.

12.

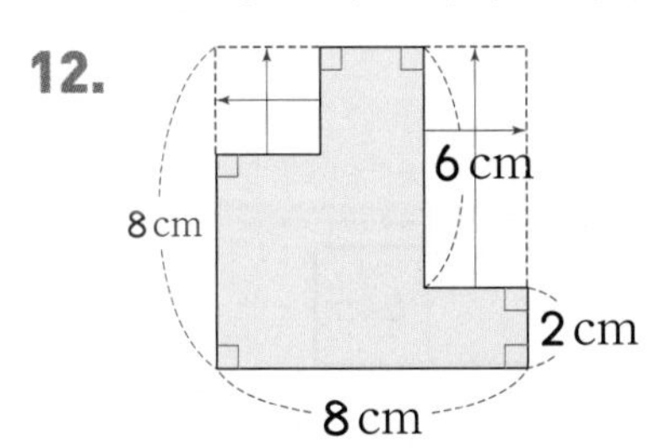

한 변의 길이가 8 cm인 정사각형의 둘레의 길이와 같으므로 $8\times4=32$(cm)입니다.

은메달 따기 page. 22~25

1. 10 cm	**2.** 8 cm
3. 삼각형, 1 cm	**4.** 2개
5. 6	**6.** 3
7. 8 cm	**8.** 9 cm
9. 3배	**10.** 8 cm
11. 2	**12.** 6

1. 정사각형은 네 변의 길이가 모두 같습니다.
$40=10+10+10+10$이므로 정사각형의 한 변의 길이는 10 cm입니다.

2. 직사각형의 둘레의 길이는
$(8+4)\times2=24$(cm)이고, $24=8+8+8$이므로 삼각형의 한 변의 길이는 8 cm입니다.

3. 직사각형의 둘레의 길이는
$(3+4)\times2=14$(cm),
삼각형의 둘레의 길이는 $5\times3=15$(cm)이므로 삼각형의 둘레의 길이가 1 cm 더 깁니다.

4. 철사의 길이는 $6\times4=24$(cm)이고, 삼각형의 둘레의 길이는 $3+4+5=12$(cm)입니다.
$24=12+12$이므로 삼각형 2개를 만들 수 있습니다.

5. 가로 한 변과 세로 한 변의 길이의 합은 10 cm이어야 하므로
□$=10-4=6$(cm)입니다.

6. 변 ㄱㄴ과 변 ㄱㄷ의 길이는 같으므로 변 ㄱㄷ의 길이도 5 cm입니다.
따라서 변 ㄴㄷ의 길이는
$13-(5\times2)=3$(cm)
입니다.

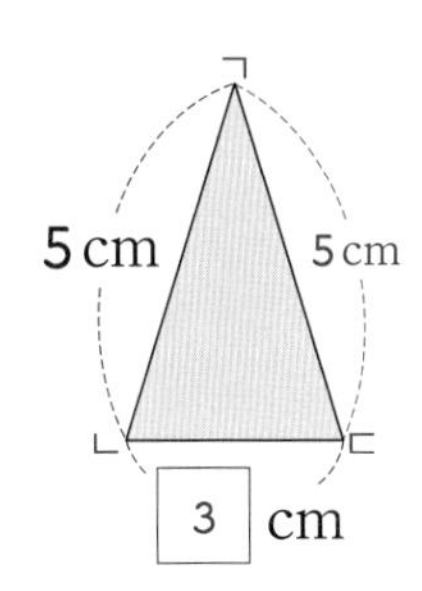

7. 주어진 도형의 둘레의 길이는 가로가 6 cm, 세로가 10 cm인 직사각형의 둘레의 길이와 같으므로
$(6+10)\times2=32$(cm)
입니다.
또한 32 cm는 정사각형의 둘레의 길이이고,
$32=8\times4$이므로 정사각형의 한 변의 길이는 8 cm입니다.

8. 주어진 도형의 둘레의 길이는
$(10+8)\times2=36$(cm)이고,
$36=9\times4$이므로 정사각형의 한 변의 길이는 9 cm입니다.

9. 삼각형의 둘레의 길이는 $4\times3=12$(cm)이고,
$36=12+12+12$이므로 3배입니다.

10. 72=24+24+24이므로 정사각형 1개의 둘레의 길이는 24 cm입니다.
또한, 24=8×3이므로 삼각형의 한 변의 길이는 8 cm입니다.

11.

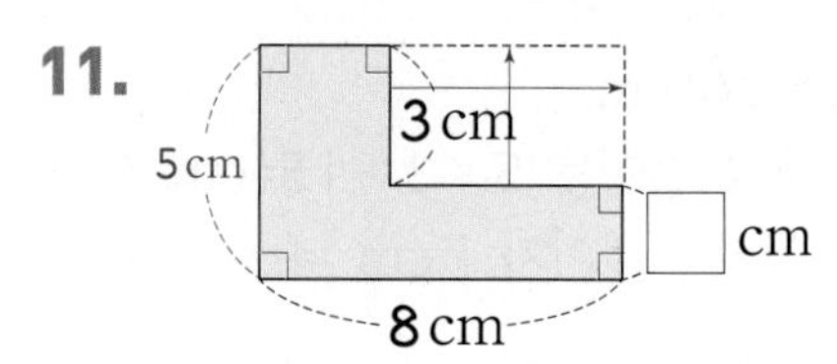

26=13+13이므로 가로 한 변과 세로 한 변의 길이의 합은 13 cm, 세로의 길이는 13−8=5(cm)입니다.
따라서 □=5−3=2입니다.

12.

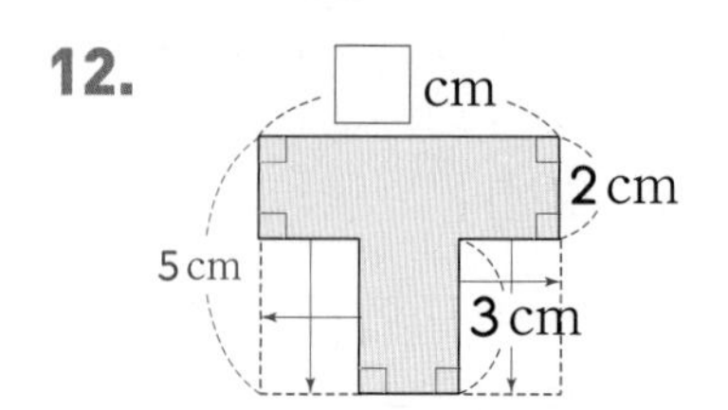

22=11+11이므로 직사각형의 가로 한 변과 세로 한 변의 길이의 합은 11 cm입니다.
가로의 길이는 11−5=6(cm)이므로 □=6입니다.

page. 26~27

1. 8	**2.** 3
3. 6	**4.** 84 cm
5. 6 cm	**6.** 210 cm

1. 정사각형의 둘레의 길이는 10×4=40(cm)이므로 주어진 직사각형의 둘레의 길이도 40 cm입니다.
가로 한 변과 세로 한 변의 길이의 합은 20 cm이므로 세로의 길이는 20−12=8(cm)입니다.
따라서 □=8입니다.

2. 가 나

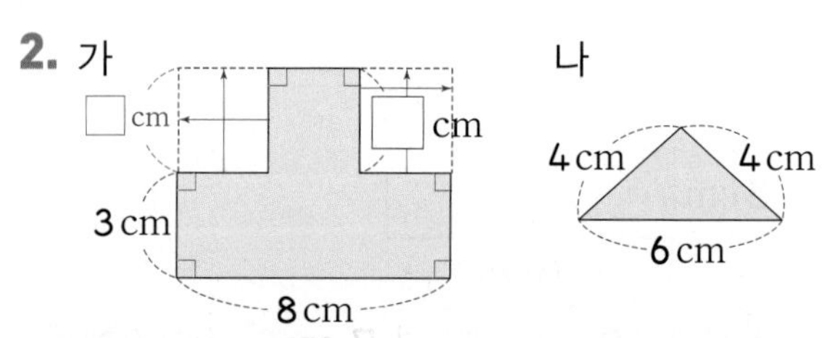

도형 가의 둘레의 길이는
(4+4+6)×2=28(cm)입니다.
따라서 □+3+8=14에서 □=3입니다.

3. 도형 가의 둘레의 길이는
40−(5×4)=20(cm)이므로
□+4=10에서 □=6입니다.

4.

㉢ ㉡ ㉠ 4 cm 8 cm 12 cm 6 cm

㉡=8−4=4(cm), ㉢=12−8=4(cm)이므로 ㉠+㉡+㉢=12(cm)입니다.
따라서 굵은 선의 길이는
(4+8+12+6)×2+12×2=84(cm)입니다.

5. 42+42=84에서 가장 큰 정사각형의 한 변의 길이는 42 cm입니다.
두 번째로 큰 정사각형의 한 변의 길이는
66−42=24(cm)입니다.
가장 작은 정사각형의 한 변의 길이는
42−24=18(cm)입니다.
따라서 ㄴㅁ의 길이는
66−(42+18)=6(cm)입니다.

6. 다섯 번째에 만들어지는 도형은 다음과 같습니다.

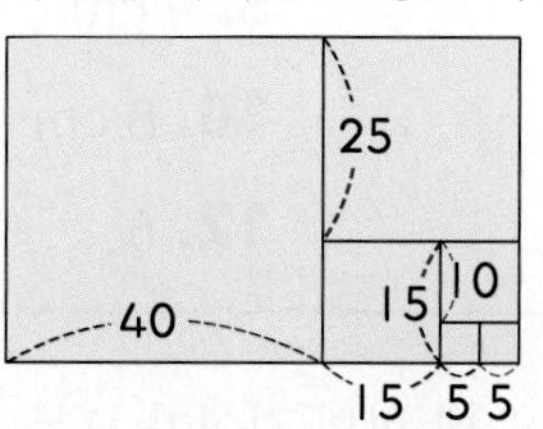

따라서 직사각형의 둘레의 길이는
(40+25+25+15)×2=210(cm)입니다.

3. cm보다 작거나 큰 단위 알아보기

개념 익히기 page. 29

1. 5, 3
2. (1) 30 (2) 4 (3) 76 (4) 8, 9
3. 4, 600 / 4킬로미터 600미터
4. (1) 6000 (2) 4 (3) 2700 (4) 5, 100
5. (1) 9 cm 8 mm (2) 8 km 660 m
   (3) 7 cm 7 mm (4) 5 km 380 m
6. (1) 6 cm 2 mm (2) 3 km 180 m
   (3) 2 cm 7 mm (4) 6 km 450 m
7. 7 km 50 m

1. 5 cm보다 작은 눈금 3칸이 더 갔으므로 연필의 길이는 5 cm 3 mm입니다.
2. 1 cm=10 mm입니다.
4. 1 km=1000 m입니다.
7. 1 km 750 m+5 km 300 m
   =6 km 1050 m
   =7 km 50 m

동메달 따기 page. 30-33

1. 8 mm
2. 20, 3 / 30, 5
3. 5 km 180 m
4. ㉢, ㉠, ㉣, ㉡
5. 18 mm
6. <
7. 예슬, 풀이 참조
8. 4 km 100 m
9. 5 cm 8 mm
10. 20 cm 4 mm
11. 17 cm 5 mm
12. 달님 마을, 54 km 50 m

2. ㉠ 203 mm=200 mm+3 mm
   =20 cm+3 mm
   =20 cm 3 mm
   ㉡ 305 mm=300 mm+5 mm
   =30 cm+5 mm
   =30 cm 5 mm
3. 5180 m=5000 m+180 m
   =5 km+180 m
   =5 km 180 m
4. ㉠ 1 km 90 m=1090 m이므로 길이가 가장 긴 것부터 차례로 쓰면 ㉢, ㉠, ㉣, ㉡입니다.
5. (가)의 길이는 3 cm 4 mm이고, (나)의 길이는 5 cm 2 mm입니다.
   따라서 (나)의 길이가
   5 cm 2 mm−3 cm 4 mm=1 cm 8 mm
   =18 mm
   더 깁니다.
6. 9 km 300 m−6 km 800 m
   =2 km 500 m=2500 m
7. 4 km 300 m−3700 m
   =4300 m−3700 m=600 m
   따라서 도서관에서 학교까지의 거리는 도서관에서 공원까지의 거리보다 600 m 더 가깝습니다.
8. (은주네 집에서 우체국을 거쳐 도서관까지의 거리)
   =(은주네 집에서 우체국까지의 거리)
   +(우체국에서 도서관까지의 거리)
   =2 km 400 m+1 km 700 m
   =4 km 100 m
9. 14 cm 3 mm−8 cm 5 mm=5 cm 8 mm
10. 128 mm+76 mm
    =204 mm=20 cm 4 mm
11. 13 cm 3 mm+11 cm 8 mm−7 cm 6 mm
    =17 cm 5 mm
12. 75 km 400 m−21 km 350 m
    =54 km 50 m

오메달 따기

page. 34~37

1. ㉠, ㉣, ㉡, ㉢	2. 6 km 300 m
3. 4 km 320 m	4. 96 cm
5. 139 cm 6 mm	6. 32 cm
7. 4200 m	8. 234 cm
9. 560 m	10. 2 km 720 m
11. 2 km 20 m	12. 나, 1 cm 8 mm

1. ㉠ 3280 m > ㉣ 3275 m > ㉡ 3200 m > ㉢ 3028 m

2. (6분 동안 자동차가 가는 거리)
$=4+4=8$(km)
(6분 동안 자전거가 가는 거리)
$=850+850=1700$(m)
따라서 1700 m=1 km 700 m이므로 자동차가 8 km−1 km 700 m=6 km 300 m 더 갈 수 있습니다.

3. (집에서 서점을 거쳐 병원까지 갔다 오는 데 걸은 거리)
=(집~서점~병원)+(병원~서점~집)
=690 m+1 km 470 m+1 km 470 m+690 m
=4 km 320 m

4. 300 mm=30 cm, 180 mm=18 cm입니다.
(가장 작은 사각형의 가로 한 변의 길이)
$=30\div5=6$(cm)
(가장 작은 사각형의 세로 한 변의 길이)
$=18\div3=6$(cm)
따라서 굵은 선의 길이는 6 cm짜리 16개와 같으므로 $16\times6=96$(cm)입니다.

5. (테이프 5장의 길이)$=30\times5=150$(cm)
(풀로 붙여 이은 부분의 길이)
$=26\times4=104$(mm)
(이은 테이프의 전체 길이)
=150 cm−104 mm
=150 cm−10 cm 4 mm
=139 cm 6 mm

6. (색칠된 사각형의 한 변의 길이)
$=130$ mm$-(25\times2)$mm
=80 mm=8 cm
따라서 색칠된 사각형의 네 변의 길이의 합은 $8\times4=32$(cm)입니다.

7. (자동차가 3분 동안 가는 거리)
$=2\times3=6$(km)
(자전거가 3분 동안 가는 거리)
$=600+600+600=1800$(m)
따라서 자동차가
6 km−1800 m=6000 m−1800 m
=4200 m
더 갈 수 있습니다.

8. (겹쳐진 부분의 길이)
$=12\times5=60$(mm), 60 mm=6 cm
(6장을 이어 붙인 길이)
=240 cm−6 cm=234 cm

9. 현우가 남은 3분 동안 240 m를 가고
$240=80+80+80$이므로 현우는 1분 동안 80 m를 갑니다.
따라서 집에서 공원까지의 거리는
$80\times7=560$(m)입니다.

10. 820 m / 0 540 m / 3 km 옹달샘

3 km−820 m+540 m=2 km 720 m를 더 가야 합니다.

11. 병원에서 서쪽으로 $940+380=1320$(m) 간 다음 다시 북쪽으로 700 m 가야합니다.
따라서 1320 m+700 m=2020 m
=2 km 20 m
가면 됩니다.

12. (가장 작은 정사각형의 한 변의 길이)
$=36\div4=9$(mm)
(가의 굵은 선의 길이)$=18\times9=162$(mm)
(나의 굵은 선의 길이)$=20\times9=180$(mm)

따라서 나 도형의 굵은 선의 길이가
$180\,\text{mm}-162\,\text{mm}=18\,\text{mm}$
$=1\,\text{cm}\ 8\,\text{mm}$
더 깁니다.

금메달 따기 page. 38~39

1. 18 km 900 m	**2.** 2 km 640 m
3. 210 cm 6 mm	**4.** 13개
5. 5장	**6.** 1780 m

1. 한 시간 동안 두 사람 사이의 거리는 1시간 동안 걸은 거리의 합과 같으므로
2 km 240 m+1 km 960 m
=4 km 200 m입니다.
30분 동안 두 사람 사이의 거리는 한 시간 동안 걸은 거리의 합의 반이므로
4 km 200 m의 반인 2 km 100 m입니다.
두 사람 사이의 거리는 두 사람이 4시간 30분 동안 걸은 거리의 합과 같습니다.
4 km 200 m+4 km 200 m
+4 km 200 m+4 km 200 m
+2 km 100 m=18 km 900 m

2. 한 시간 동안 달린 두 사람 사이의 거리를 구해보면 서로 같은 방향으로 달렸으므로 두 사람이 한 시간 동안 달린 거리의 차와 같습니다.
두 사람이 한 시간 동안 달린 거리의 차는
4 km 360 m−3 km 880 m=480 m
입니다.
두 사람이 30분 동안 달린 거리의 차는 한 시간 동안 달린 거리의 차인 480 m의 반이므로
240 m입니다.
따라서 두 사람이 5시간 30분 동안 달린 거리의 차는
480 m+480 m+480 m+480 m+480 m
+240 m=2640 m=2 km 640 m입니다.

3. 하루에 올라갈 수 있는 최고 높이는
52 cm 8 mm−26 cm 5 mm
=26 cm 3 mm입니다.
따라서 일주일 동안 올라갈 수 있는 최고 높이는
26 cm×6+3 mm×6+52 cm 8 mm
=210 cm 6 mm입니다.

4. 144=12×10+12×2이므로 가로등 사이의 간격은 12군데입니다. 처음과 끝에도 가로등을 세워야 하므로 필요한 가로등은 모두
12+1=13(개)입니다.

5. 2장을 붙이면
50 cm−4 mm=49 cm 6 mm
3장을 붙이면
75 cm−8 mm=74 cm 2 mm
4장을 붙이면
100 cm−12 mm=98 cm 8 mm
5장을 붙이면
125 cm−16 mm=123 cm 4 mm
6장을 붙이면 150 cm−20 mm=148 cm
따라서 붙인 길이가 100 cm보다 길고
125 cm보다 짧아야 하므로 5장을 붙여야 합니다.

6.

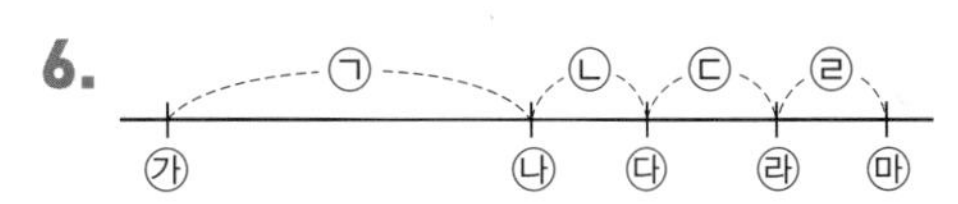

㉠+㉡+㉢=8320 m, ㉡+㉢+㉣=4880 m
(㉠+㉡+㉢)+(㉡+㉢)+(㉡+㉢+㉣)+(㉢+㉣)
=(㉠+㉡+㉢)+(㉡+㉢+㉣)×2+㉢
=8320+4880×2+㉢=19860
㉢=1780(m)

4. 시간의 계산 알아보기

개념 익히기 page. 41

1. (1) 8시 35분 17초 (2) 2시 28분 48초
   (3) 11시 26분 47초 (4) 7시 42분 11초
2. (1)  (2) 
3. (1) 120, 137 (2) 20, 1, 20 (3) 225
   (4) 4, 40
4. 60, 30, 1 / 90, 1, 1, 30
5. 50 / 50
6. (1) 5시 50분 (2) 2시간 55분
   (3) 4시간 47분 40초 (4) 4시간 54분 34초

3. (3) 3분 45초=60초+60초+60초+45초
   =225초
   (4) 280초
   =60초+60초+60초+60초+40초
   =4분 40초

동메달 따기 page. 42~45

1. (1) 9시 25분 5초 (2) 4시 31분 45초
2. (1) 6시 15분 (2) 5시 5분
   (3) 11시 32분 25초
   (4) 15시간 24분 42초
3. (1) 5시 40분 (2) 2시간 35분
   (3) 2시간 38분 14초
   (4) 3시간 41분 50초
4. 4시 5분
5. 2시 47분 40초
6. 5시 15분 27초
7. 8시 50분
8. 9시 6분 23초
9. 9시 54분 37초
10. 오전 10시 46분 15초
11. 은주 : 4시 40분−3시=1시간 40분
    경희 : 7시−4시 20분=2시간 40분
    가연 : 4시−1시 35분=2시간 25분
    따라서 경희가 가장 오랫동안 공부했습니다.
12. 48분 2초

1. (1) 초바늘이 숫자 1을 가리키므로
   5×1=5(초)를 나타냅니다.
   따라서 9시 25분 5초입니다.
   (2) 초바늘이 숫자 9를 가리키므로
   9×5=45(초)를 나타냅니다.
   따라서 4시 31분 45초입니다.
2. (시각)+(시간)=(시각), (시간)+(시간)=(시간)
3. (시각)−(시각)=(시간), (시각)−(시간)=(시각),
   (시간)−(시간)=(시간)
4. 80분=1시간 20분입니다. 따라서 공부를 시작한 시각은 5시 25분−1시간 20분=4시 5분입니다.
5. 2시 45분 55초+1분 45초
   =2시 46분 100초=2시 47분 40초
6. 시계가 나타내는 시각은 4시 47분 55초입니다.
   4시 47분 55초+27분 32초
   =4시 74분 87초
   =4시 75분 27초
   =5시 15분 27초
7. 11시 40분−2시간 50분=8시 50분
8. 7시 10분 25초+1시간 55분 58초
   =9시 6분 23초
9. 10시 7분 15초−12분 38초
   =9시 54분 37초
10. 오전 9시 15분 20초+1시간 30분 55초
    =오전 10시 46분 15초

12. 2시간 15분 30초−1시간 27분 28초
=48분 2초

은메달 따기 page. 46~49

1. 오후 1시 30분	**2.** 오전 7시 47분 55초
3. 49분	**4.** 8시 16분 52초
5. 해민	**6.** 565초
7. 1시간 40분	**8.** 8분 55초
9. 10시 11분 20초	**10.** 12시 30분
11. 11시간 37분 48초	
12. 오후 8시 6분 56초	

1. 서울역에서 대구역을 지나 부산역까지 가는 데 걸린 시간은
2시간 50분+1시간 25분
=3시간 75분=4시간 15분
따라서 9시 15분+4시간 15분=13시 30분이므로 부산역에 도착했을 때의 시각은
오후 1시 30분입니다.

2. 하루에 2분 25초씩 늦어지므로 5일 동안에는
(2×5)분 (25×5)초 늦어집니다.
따라서 오늘 오전에는 10분 125초=12분 5초가 늦어지므로 이 시계가 가리키는 시각은
8시−12분 5초=7시 47분 55초입니다.

3. (출발하여 도착할 때까지 걸린 시간)
=11시 45분−8시 20분=3시간 25분
(버스를 탄 시간)=3시간 25분−2시간 36분
=49분

4. (가영이가 학교에 도착한 시각)
=(동생이 학교에 도착한 시각)−11분 37초
=8시 28분 29초−11분 37초
=8시 16분 52초

5. 선아 : 1시간 55분, 은서 : 3시간 4분,
해민 : 3시간 12분

6. 9×60+25=565(초)

7.

월	화	수	목	금
40분	55분	70분	85분	100분

8. 3분 17초+2분 40초+2분 58초=8분 55초

9. (은서가 도착한 시각)=10시−8분 20초
=9시 51분 40초
(윤주가 도착한 시각)
=9시 51분 40초+19분 40초
=10시 11분 20초

10.

9시 20분 —40분— ↑10분 —40분— ↑10분 —40분— ↑10분 —40분— 점심 시간

9시 20분+190분=9시 20분+3시간 10분
=12시 30분에 점심 시간이 시작됩니다.

11. 오후 6시 32분 27초는 18시 32분 27초입니다.
따라서 낮의 길이는
18시 32분 27초−6시 54분 39초
=11시간 37분 48초입니다.

12. (모자 8개를 만드는 데 걸리는 시간)
=(모자 한 개를 만드는 데 걸리는 시간)
×(모자 수)
=(32×8)분 (7×8)초
=256분 56초
=4시간 16분 56초
(모자 8개를 만들고 난 후의 시각)
=오후 3시 50분+4시간 16분 56초
=오후 8시 6분 56초

금메달 따기 page. 50~51

1. 오후 9시 37분	**2.** 오후 2시 40분
3. 풀이 참조	**4.** 2시간 27분 2초
5. 오후 9시 59분 4초	
6. 11대	

1.

11분 11분 11분 11분 11분 11분 11분
오후 7시 50분 1경기 5분 5분 5분 5분 5분 5분 7경기

오후 7시 50분 + 107분
= 오후 7시 50분 + 1시간 47분
= 오후 9시 37분에 경기가 끝납니다.

2. (올라가는 데 걸린 시간) = 1시간 50분
(내려오는 데 걸린 시간) = 1시간
(정상에 있었을 때의 시각)
= 오후 3시 40분 − 1시간 = 오후 2시 40분

3. 이 시계가 하루에 $24 \times 4 = 96$(초)씩 늦어지므로 4일이 지나면 $96 \times 4 = 384$(초)
즉, 6분 24초 늦어집니다. 또한 12시간 동안에 $4 \times 12 = 48$(초)가 늦어집니다.
따라서 4일 12시간이 지나면
오후 10시 − 6분 24초 − 48초
= 오후 9시 52분 48초를 가리킵니다.

4. (낮의 길이) = 18시 42분 28초 − 5시 28분 57초
= 13시간 13분 31초
(밤의 길이) = 24시간 − 13시간 13분 31초
= 10시간 46분 29초
따라서 낮의 길이와 밤의 길이의 차는
13시간 13분 31초 − 10시간 46분 29초
= 2시간 27분 2초입니다.

5. 하루(24시간)에 96초씩 늦어지므로 한 시간에 4초씩 늦어집니다.
(늦어진 시간) = $14 \times 4 = 56$(초)
따라서 14시간 후 시계가 나타내는 시각은
8시 + 14시간 − 56초 = 22시 − 56초
= 21시 59분 4초
= 오후 9시 59분 4초

6. 오후 1시 − 오전 5시 45분
= 13시 − 5시 45분
= 7시간 15분이고
7시간 15분 = $60 \times 7 + 15 = 435$(분)입니다.
435분 = 40분 × 10 + 35분이므로
모두 11대가 출발하게 됩니다.

5. 원 알아보기

개념 익히기 page. 53

1. 원의 중심　**2.** 선분 ㄴㅇ
3. 선분 ㄷㅂ　**4.** 14 cm
5. 풀이 참조　**6.** 18 cm

3. 원 안에 그을 수 있는 가장 긴 선분은 원의 지름입니다.

5.

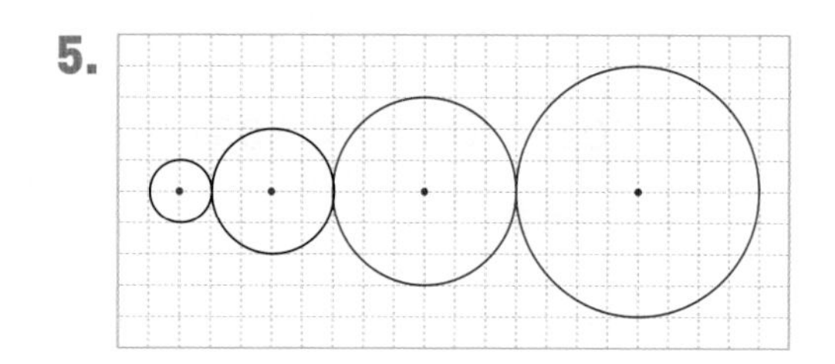

6. 한 원의 반지름이 3 cm이므로 지름의 길이는 $3 \times 2 = 6$(cm)입니다.
따라서 선분 ㄱㄴ의 길이는 지름의 길이의 3배이므로 $6 \times 3 = 18$(cm)입니다.

동메달 따기 page. 54~57

1. 점 ㄷ　**2.** ⑤
3. ⑤　**4.** 4 cm
5. 4개　**6.** 8 cm
7. 20 cm　**8.** 48 cm
9. 168 cm　**10.** 6 cm
11. 9개　**12.** 2 cm

3. 누름 못이 원의 중심이므로 누름 못과 거리가 가까울수록 원의 반지름이 짧아집니다.

4. 정사각형의 한 변의 길이가 8 cm이므로 정사각형 안에 있는 원의 지름의 길이도 8 cm입니다.
따라서 원의 반지름은 4 cm입니다.

5. 모양을 그릴 때 컴퍼스의 침이 몇 군데 꽂히는지 찍어 보면 오른쪽 그림과 같이 4군데입니다.

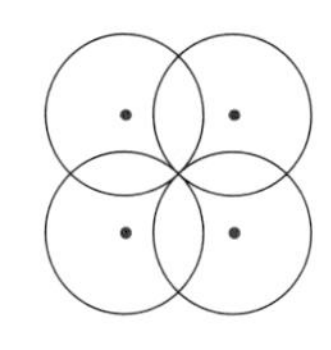

6. 작은 원의 반지름이 2 cm이므로 작은 원의 지름은 $2\times2=4$(cm)입니다.
작은 원의 지름은 큰 원의 반지름이므로 큰 원의 지름은 $4\times2=8$(cm)입니다.

7. 선분 ㄱㄴ의 길이는 두 원의 지름의 합과 같습니다. 한 원의 지름은 $5\times2=10$(cm)이므로 선분 ㄱㄴ의 길이는 $10\times2=20$(cm)입니다.

8. (직사각형의 가로)$=4\times4=16$(cm)
(직사각형의 세로)$=4\times2=8$(cm)
사각형 ㄱㄴㄷㄹ의 네 변의 길이의 합은
$16+8+16+8=48$(cm)입니다.

9. 지름의 길이는 $7\times2=14$(cm)입니다.
가로 길이는 지름의 길이의 5배이고, 세로 길이는 지름의 길이와 같습니다.
따라서 직사각형의 네 변의 길이의 합은
$70+14+70+14=168$(cm)입니다.

10. (사각형의 한 변의 길이)$=48\div4=12$(cm)
사각형의 한 변의 길이가 12 cm이므로 원의 지름의 길이도 12 cm입니다.
따라서 원의 반지름은 6 cm입니다.

11. 8 cm 24 cm 24 cm
반지름이 4 cm인 원이므로 지름의 길이가 8 cm인 원을 그리면 됩니다.
따라서 원은 모두 9개까지 그릴 수 있습니다.

12. (가)에서 정사각형의 한 변의 길이가 원의 지름의 길이와 같으므로 원의 지름의 길이는 18 cm이고, (나) 원의 지름의 길이는 14 cm입니다.
따라서 (가) 원의 반지름은 9 cm, (나) 원의 반지름은 7 cm이므로
(가) 원의 반지름이 $9-7=2$(cm) 더 깁니다.

오답따기 page. 58-61

1. 7개	**2.** 32 cm
3. 60 cm	**4.** 48 cm
5. 4 cm	**6.** 34 cm
7. 60 cm	**8.** 32 cm
9. 128 cm	**10.** 38 cm
11. 18 cm	**12.** 4 cm

1. 표시된 점이 원의 중심이 됩니다.
따라서 7개입니다.

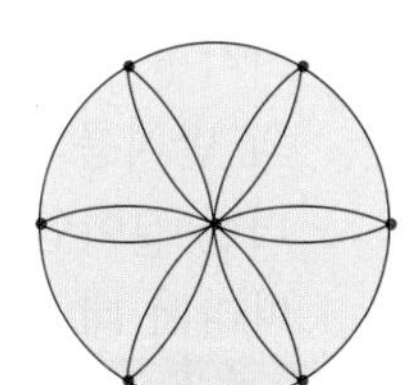

2. 사각형 ㄱㄴㄷㄹ은 정사각형이며 한 변의 길이는 원의 지름과 같습니다.
따라서 사각형 ㄱㄴㄷㄹ의 둘레의 길이는
$4\times2\times4=32$(cm)입니다.

3. 삼각형 ㄱㄴㄷ은 세 변의 길이가 같은 삼각형이며 한 변의 길이는 반지름의 4배이므로
삼각형 ㄱㄴㄷ의 세 변의 길이의 합은
$5\times4\times3=60$(cm)입니다.

4. 선분 ㄱㄴ, 선분 ㄴㄷ, 선분 ㄷㄹ, 선분 ㄹㄱ은 모두 반지름이므로 사각형 ㄱㄴㄷㄹ의 네 변의 길이의 합은 $12\times4=48$(cm)입니다.

5. (선분 ㄴㄷ의 길이)
=(두 번째로 큰 원의 반지름)
−(가장 작은 원의 반지름)
가장 작은 원의 반지름은
$32-12\times2=8$(cm)입니다.
따라서 선분 ㄴㄷ의 길이는
$12-8=4$(cm)입니다.

6. 선분 ㄴㄷ의 길이는 $12+7-4=15$(cm)
선분 ㄱㄹ의 길이는 $12+15+7=34$(cm)
입니다.

7. (가로의 길이)$=5\times4=20$(cm)
(세로의 길이)$=5\times2=10$(cm)

따라서 사각형 ㄱㄴㄷㄹ의 네 변의 길이의 합은 $(20+10)\times2=60$(cm)입니다.

8. 삼각형 ㄱㄴㄷ의 세 변의 길이의 합은 세 원의 지름의 합과 같습니다.
따라서 삼각형의 세 변의 길이의 합은
$7\times2+5\times2+4\times2=32$(cm)입니다.

9. (큰 원의 지름)$=(14\div2)+25=32$(cm)
정사각형의 한 변의 길이는 큰 원의 지름과 같으므로 네 변의 길이의 합은
$32\times4=128$(cm)입니다.

10. 사각형 ㄱㄴㄷㄹ의 네 변의 길이의 합은 큰 원의 반지름의 2배와 작은 원의 반지름의 2배를 더한 길이입니다.
따라서 네 변의 길이의 합은
$12\times2+7\times2=38$(cm)입니다.

11. 선분 ㄷㅁ의 길이는 큰 원의 반지름이므로
$18\div2=9$(cm)입니다.
따라서 ㄱㅁ의 길이는 $6+3+9=18$(cm)입니다.

12. (삼각형의 세 변의 길이의 합)
$=$(작은 원의 반지름)$\times4+$(큰 원의 반지름)$\times2$
$32=\square\times4+16$, $\square=4$(cm)

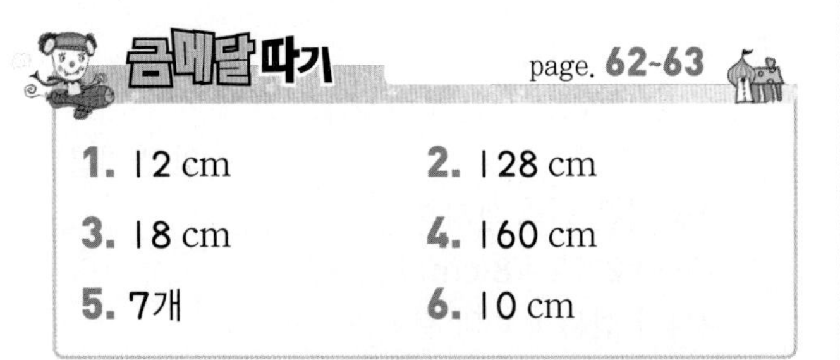

금메달 따기 page. 62~63

1. 12 cm **2.** 128 cm
3. 18 cm **4.** 160 cm
5. 7개 **6.** 10 cm

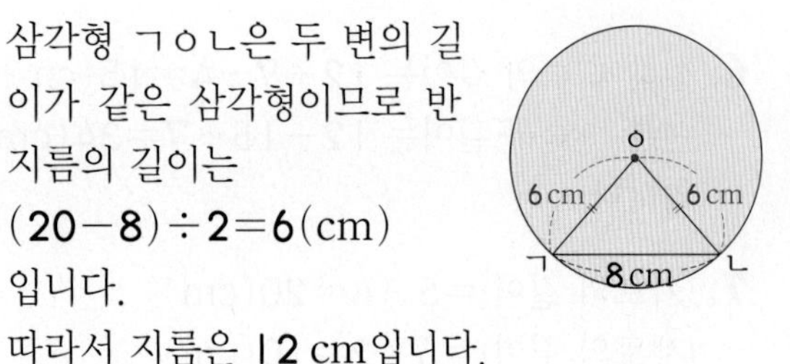

1. 삼각형 ㄱㅇㄴ은 두 변의 길이가 같은 삼각형이므로 반지름의 길이는
$(20-8)\div2=6$(cm)
입니다.
따라서 지름은 12 cm입니다.

2. 도형의 각 변이 지름의 몇 배인지 알아내어 구합니다.

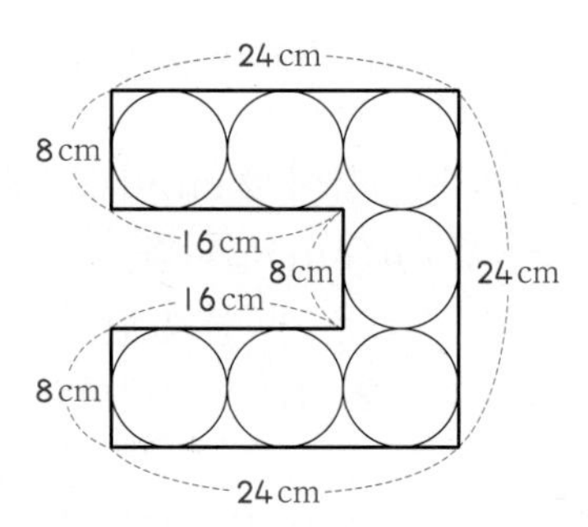

따라서 굵은 선의 길이는
$(24+8)\times3+16\times2=128$(cm)입니다.

3. 삼각형 ㄱㄴㄷ의 각 변의 길이는 원의 반지름과 같습니다.
따라서 삼각형의 한 변의 길이는
$27\div3=9$(cm)이므로 원의 반지름은 9 cm이며 지름은 $9\times2=18$(cm)입니다.

4. (작은 원의 지름의 길이)$=4\times2=8$(cm)
(큰 원의 지름의 길이)$=8\times5=40$(cm)
따라서 정사각형의 네 변의 길이의 합은
$40\times4=160$(cm)입니다.

5. 길이가 $12\times2=24$(cm)인 선분 위에 지름의 길이가 6 cm인 원을 모두 7개까지 그릴 수 있습니다. ➡ $24\div3-1=7$(개)

6. (선분 ㅂㄷ의 길이)$=23-18=5$(cm)
(선분 ㅇㄹ의 길이)$=18-5=13$(cm)
(선분 ㄱㅇ의 길이)$=23-13=10$(cm)

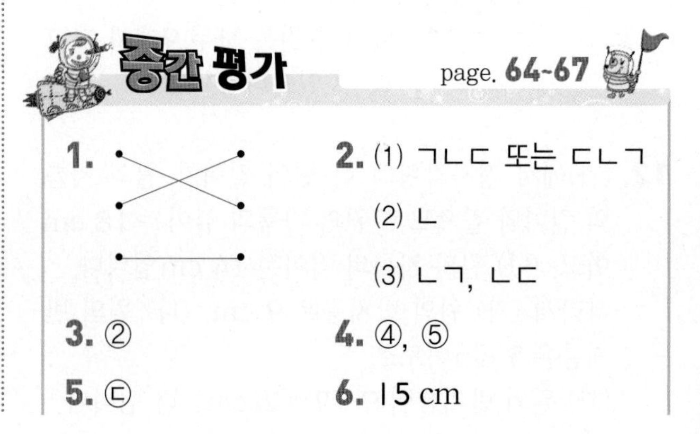

중간 평가 page. 64~67

1.
2. (1) ㄱㄴㄷ 또는 ㄷㄴㄱ
(2) ㄴ
(3) ㄴㄱ, ㄴㄷ
3. ②
4. ④, ⑤
5. ㉢
6. 15 cm

7. 24 cm **8.** 22 cm

9. 52 cm **10.** ④

11. ㉡, ㉢, ㉠, ㉣

12. (1) 4, 195 (2) 5008

13. 13 cm 5 mm **14.** 3 km 500 m

15. 10시, 11시 50분 **16.** 9시 45분 24초

17. (1) 240 (2) 106 (3) 1, 19 (4) 3, 5

18. ① **19.** ④

20. 9 cm

2. (1) 점 ㄴ이 가운데에 오도록 각 ㄱㄴㄷ 또는 각 ㄷㄴㄱ이라고 읽습니다.

3. 삼각자의 직각 부분을 각에 대어 봅니다.

5. 정사각형은 직사각형 중에서 네 변의 길이가 모두 같은 사각형입니다.

6. $5\times3=15$(cm)

7. $6\times4=24$(cm)

8. $(8+3)\times2=22$(cm)

9.

3 cm
6 cm 6 cm
3 cm
5 cm 11 cm
3 cm
15 cm

가로가 15 cm, 세로가 11 cm인 직사각형의 둘레의 길이와 같으므로
$(15+11)\times2=52$(cm)입니다.

10. ④ 10 m=1000 cm입니다.
⑤ 1 m=100 cm이므로
1 m=1000 mm입니다.

11. 모두 mm 단위로 바꾸어 봅니다.
㉡ 8 cm 3 mm=83 mm
㉢ 7 cm=70 mm
㉣ 4 cm 9 mm=49 mm

13. 52 cm 4 mm−389 mm
=524 mm−389 mm
=135 mm
=13 cm 5 mm

14. 1 km 900 m+1600 m
=1 km 900 m+1 km 600 m
=2 km 1500 m=3 km 500 m

15. 20분 45초, 1시간 25분은 지하철과 고속버스를 탄 시간을 나타냅니다.

16. 시계의 시각은 9시 35분 24초이고, 초바늘이 10바퀴를 돌면 10분이 지나므로 9시 45분 24초가 됩니다.

17. (2) 1분 46초=60초+46초=106초
(4) 185초=60초+60초+60초+5초
=3분 5초

18. 원의 중심에서 멀수록 큰 원을 그릴 수 있습니다.

19. ④ 지름은 원 위에 있는 두 점을 이은 선분 중 가장 깁니다.

20. 컴퍼스가 4 cm 5 mm 벌어졌으므로
반지름이 4 cm 5 mm인 원을 그릴 수 있습니다.
따라서 지름이 9 cm인 원을 그릴 수 있습니다.

6. 들이 알아보기

개념 익히기

page. 69 

1. 나

2. (1) 2075 (2) 3, 57

3. 2 L 350 mL **4.** 냄비

5. (1) 7700, 7, 700 (2) 3400, 3, 400

6. ㉠ **7.** 2 L 150 mL

8. 1 L 160 mL

6. ㉠ 5 L 370 mL ㉡ 5 L 330 mL

7. 1 L 70 mL+1 L 80 mL=2 L 150 mL

8. 2 L 700 mL−1 L 540 mL
=1 L 160 mL

12. 처음에 있던 물의 양에서 사용한 물의 양을 뺍니다.
3 L 600 mL−2 L 250 mL
=1 L 350 mL

동메달 따기 page. 70~73

1. ㉢, ㉡, ㉠ 2. 음료수병
3. ㉯, ㉰, ㉮ 4. ㉣
5. (1) mL (2) L 6. 3, 600
7. (1) 4000 (2) 2, 2000, 400, 2400
(3) 3000, 3, 500, 3, 500
8. (1) > (2) <
9. (1) 3400, 3, 400 (2) 3700, 3, 700
(3) 2300, 2, 300 (4) 1400, 1, 400
10. (1) 4 L 900 mL (2) 5 L 800 mL
(3) 2 L 300 mL (4) 4 L 300 mL
11. 3 L 750 mL 12. 1 L 350 mL

1. 물이 많이 들어갈수록 들이가 많은 그릇입니다.

2. 음료수 병의 물의 높이가 우유갑보다 높으므로 음료수병의 들이가 더 많습니다.

3. 물의 높이가 높을수록 들이가 많습니다.

4. 덜어낸 횟수가 적을수록 컵의 들이가 많습니다.

8. (1) 2030 mL를 몇 L 몇 mL로 고쳐서 비교하거나 2 L를 몇 mL로 고쳐서 비교합니다.

10. mL 단위끼리, L 단위끼리 계산합니다.

11. 두 사람이 가져온 주스의 양을 더합니다.
2 L 350 mL+1 L 400 mL
=3 L 750 mL

은메달 따기 page. 74~77

1. 280 mL 2. 4 L 300 mL
3. 2 L 600 mL 4. 3 L 200 mL
5. 8번 6. 4 L 300 mL
7. 6 L 250 mL 8. 40 cm
9. 5 L 400 mL 10. 풀이 참조
11. ⑤ 12. 7번

1. 들이가 가장 많은 그릇 : ㉡ 2300 mL
들이가 가장 적은 그릇 : ㉢ 2020 mL
따라서 두 그릇의 들이의 차는
2300 mL−2020 mL=280 mL입니다.

2. (양동이에서 덜어 낸 물의 양)
=1 L 800 mL+1 L 800 mL
=3 L 600 mL
따라서 양동이에 들어 있는 물의 양은
5 L−3 L 600 mL+2 L 900 mL
=4 L 300 mL입니다.

3. (섞은 페인트의 양)=4 L+5 L 400 mL
=9 L 400 mL
따라서 남은 페인트의 양은
9 L 400 mL−6 L 800 mL
=2 L 600 mL입니다.

4. 7300 mL−900 mL=6400 mL이고 6400 mL를 똑같게 나누면 3200 mL가 됩니다.
따라서 ㉯ 그릇의 들이는
3200 mL=3L 200 mL입니다.

5. 20 L−13 L 600 mL
=6 L 400 mL=6400 mL
800 mL들이의 컵으로 8번 부으면
6400 mL이므로 물통에 물을 가득 채우려면
적어도 8번 부어야 합니다.

6. (㉯ 병에 들어 있는 간장의 양)
=(㉮ 병에 들어 있는 간장의 양)+900 mL
=1 L 700 mL+900 mL=2 L 600 mL
따라서 ㉮, ㉯ 두 병에 들어 있는 간장의 양은
모두 1 L 700 mL+2 L 600 mL
=4 L 300 mL입니다.

7. 한솔이가 일주일 동안 마신 우유의 양은 3800 mL이고, 석기가 일주일 동안 마신 우유의 양은 2450 mL입니다.
따라서 한솔이와 석기가 일주일 동안 마신 우유의 양은
3800 mL+2450 mL=6250 mL
=6 L 250 mL
입니다.

8. 6 L 400 mL
=1 L 600 mL+1 L 600 mL
+1 L 600 mL+1 L 600 mL이므로
6 L 400 mL는 1 L 600 mL의 4배입니다.
따라서 물을 6 L 400 mL 더 부으면 물의 높이는 8×4=32(cm) 늘어나므로 물의 높이는
8+32=40(cm)가 됩니다.

9. 1 L 500 mL+1 L 500 mL+1 L 500 mL
=4 L 500 mL
150 mL×6=900 mL
따라서 양동이에 채워진 물은 모두
4 L 500 mL+900 mL=5 L 400 mL
입니다.

10. 더 채워야 할 물의 양은
25 L−13 L=12 L입니다.
그릇의 들이를 □L라 하면
□+□+⋯+□=12이므로 □=2입니다.
(6번)
따라서 그릇의 들이는 2 L입니다.

11. ② 4 L 500 mL+8 L 200 mL
=12 L 700 mL
③ 2 L+8 L 200 mL=10 L 200 mL
④ 2 L+4 L 500 mL+8 L 200 mL
=14 L 700 mL

12. 채워야 할 물의 양은
2400+1500+300=4200(mL)입니다.
따라서 600×7=4200(mL)이므로 7번 부어야 합니다.

금메달 따기 page. 78~79

1. 700 mL	**2.** 5번
3. 700 mL	**4.** 1분 20초
5. 240 mL	**6.** 20분 후

1. 다 병의 들이를 □라 하면
1 L 200 mL+800 mL+□+1 L 300 mL
=4 L
3 L 300 mL+□=4 L,
□=4 L−3 L 300 mL=700 mL입니다.

2. 200 mL들이의 컵으로 6번 부으면 1200 mL이고, 300 mL들이의 컵으로 4번 부으면
1200 mL입니다.
(주전자의 들이)=1200 mL+1200 mL
=2400 mL
500 mL들이의 컵으로 4번 부으면 2000 mL이고, 500 mL들이의 컵으로 5번 부으면
2500 mL입니다.
따라서 적어도 5번 부어야 합니다.

3. (페인트 전체의 양)=3 L+2 L 400 mL
=5 L 400 mL
(남은 페인트의 양)
=5 L 400 mL−4 L 700 mL=700 mL

4. 5초에 1 L씩 물이 나오므로 1초에 200 mL씩 나오고, 3초에 300 mL씩 빠져나가므로 1초에 100 mL씩 빠져나갑니다.

즉 1초에 200－100＝100(mL)씩 물을 채울 수 있습니다.
따라서 100×80＝8000(mL)＝8(L)이므로 물을 가득 채우는 데 걸리는 시간은 80초＝1분 20초입니다.

5. (컵 ㉠에 남은 물의 양)
＝400 mL－80 mL＝320 mL
(컵 ㉡의 물의 양)
＝(병 나에 들어 있던 물의 양)＋80 mL
＝320 mL
(병 나에 들어 있던 물의 양)
＝320 mL－80 mL＝240 mL

6. ㉮, ㉯ 두 물탱크에 물의 양이 같아지려면 (380＋60)÷2＝220(L)가 되어야 합니다.
㉮ 물탱크에서 ㉯ 물탱크로 380－220＝160(L)를 옮겨야 하므로 160÷8＝20(분) 후에 물의 양이 같아집니다.

7. 무게 알아보기

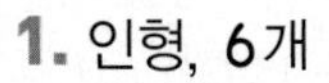

개념 익히기 page. 81

1. 인형, 6개 **2.** ㉣, ㉡, ㉢, ㉠
3. (1) 3, 200 (2) 5300 (3) 2000
(4) 7000 (5) 9 (6) 10
4. 10 kg 100 g **5.** 신영, 1 kg 600 g
6. 400 g

1. 인형의 무게는 동전 43개의 무게와 같고, 로봇의 무게는 동전 37개의 무게와 같습니다. 따라서 인형이 로봇보다 동전 6개만큼 더 무겁습니다.

4. 5 kg 400 g＋4 kg 700 g
＝9 kg 1100 g＝10 kg 100 g

5. 30 kg 600 g＜32 kg 200 g이므로 신영이의 몸무게가
32 kg 200 g－30 kg 600 g
＝1 kg 600 g 더 가볍습니다.

6. (바구니에 든 감의 무게)＝3 kg 200 g
(감의 무게)＝2 kg 800 g
따라서 바구니의 무게는
3 kg 200 g－2 kg 800 g＝400 g입니다.

동메달 따기 page. 82~85

1. 사과, 14개
2. (1) 1 kg 300 g 또는 1300 g (2) 600 g
3. ㉣, ㉡, ㉢, ㉠
4. (1) 13 kg 200 g (2) 4 kg 800 g
5. 영수 **6.** 34 kg 300 g
7. 61 kg 400 g **8.** 2 kg 400 g
9. 1 kg 800 g
10. 합 : 22 kg 400 g, 차 : 4 kg 500 g
11. ㉡ **12.** 7 kg 100 g

3. 같은 단위로 나타내어 비교해 봅니다.

4. (1) g 단위끼리의 합이 1000이거나 1000보다 크면 1000 g을 1 kg으로 받아올림합니다.
(2) g 단위끼리 뺄 수 없을 때에는 1 kg을 1000 g으로 받아내림합니다.

5. 실제 무게와 어림한 무게와의 차가 가장 작은 학생을 찾아봅니다.

6. 31 kg 800 g＋2 kg 500 g
＝33 kg 1300 g
＝34 kg 300 g

7. 80 kg－18 kg 600 g
＝79 kg 1000 g－18 kg 600 g
＝61 kg 400 g

8. (사과 2개의 무게)=700 g,
(배 3개의 무게)=1 kg 700 g
따라서 사과 2개와 배 3개의 무게의 합은
700 g+1 kg 700 g=2 kg 400 g입니다.

9. (물을 담은 그릇의 무게)=3 kg 200 g
(빈 그릇의 무게)=1 kg 400 g
따라서 물의 무게는
3 kg 200 g−1 kg 400 g=1 kg 800 g
입니다.

10. 합 : 13 kg 450 g+8 kg 950 g
=22 kg 400 g
차 : 13 kg 450 g−8 kg 950 g
=4 kg 500 g

11. ㉠ 9 kg 300 g ㉡ 8 kg 400 g

12. 700 g+6 kg 400 g=7 kg 100 g

page. 86~89

1. 석기	**2.** 3 kg 190 g
3. 1 kg 400 g	**4.** 규형, 3 kg 800 g
5. 규형 : 36 kg 500 g, 한초 : 38 kg 800 g	
6. 2 kg 500 g	**7.** 지혜, 용희, 동민
8. 필통	**9.** 1 kg 310 g
10. 5 kg 900 g	**11.** 250 g
12. 71 kg 300 g	

1. 감자 5개의 무게는 1 kg 600 g입니다.
용희 : 1 kg 600 g−1500 g=100 g
신영 : 1 kg 600 g−1 kg 150 g=450 g
석기 : 1650 g−1 kg 600 g=50 g
한초 : 1 kg 600 g−1 kg 450 g=150 g
한솔 : 1700 g−1 kg 600 g=100 g
따라서 가장 가깝게 어림한 학생은 석기입니다.

2. (컵 4개의 무게)=260 g×4=1040 g
(접시 5개의 무게)=430 g×5=2150 g
따라서 컵 4개와 접시 5개의 무게는
1040 g+2150 g=3190 g=3 kg 190 g
입니다.

3. (물 반만의 무게)=14 kg 800 g−8 kg 100 g
=6 kg 700 g
따라서 물통만의 무게는
8 kg 100 g−6 kg 700 g=1 kg 400 g
입니다.

4. (지혜의 몸무게)
=37 kg 400 g−3 kg 700 g
=33 kg 700 g
(규형이의 몸무게)
=42 kg 300 g−4 kg 800 g
=37 kg 500 g
따라서 규형이의 몸무게가
37 kg 500 g−33 kg 700 g=3 kg 800 g
더 무겁습니다.

5. (규형이의 몸무게)=35 kg 700 g+800 g
=36 kg 500 g
(한초의 몸무게)
=111 kg−36 kg 500 g−35 kg 700 g
=38 kg 800 g

6. (나 통에 담긴 물의 무게)=2 kg−1 kg 100 g
=900 g
따라서 물을 가 통에 모은 무게는
1 kg 600 g+900 g=2 kg 500 g입니다.

7. 동민<지혜, 동민<용희이므로 동민이의 몸무게가 가장 가볍습니다.
용희가 지혜보다 가벼우므로 가장 무거운 사람부터 차례로 쓰면 지혜, 용희, 동민입니다.

8. 어림한 무게와 실제 무게의 차가 작을수록 비슷하게 어림한 것입니다.

물건	실제 무게와의 차
마우스	45 g
필통	27 g
교과서	170 g

9. (150 g×5)+(70 g×8)
=750 g+560 g=1310 g
=1 kg 310 g

10. 39 kg 200 g−31 kg−2 kg 300 g
=5 kg 900 g

11. 700 g−(270 g+180 g)=250 g

12. 32 kg 200 g+(32 kg 200 g+6900 g)
=71 kg 300 g

금메달 따기

page. 90~91 

1. 700 g
2. 무 : 850 g, 호박 : 650 g, 당근 : 450 g
3. 12가지
4. 10 g
5. 120개
6. 고구마 : 1600원, 양파 : 1280원

1. 감 4개의 무게는
3 kg 500 g−2 kg 100 g=1 kg 400 g
이므로 바구니만의 무게는
2 kg 100 g−1 kg 400 g=700 g입니다.

2. (무)+(호박)=1 kg 500 g
(무)+(당근)=1 kg 300 g
(호박)+(당근)=1 kg 100 g
➡ (무 2개)+(호박 2개)+(당근 2개)
=1 kg 500 g+1 kg 300 g+1 kg 100 g
=3 kg 900 g
➡ (무)+(호박)+(당근)=1950 g
(무의 무게)=1 kg 950 g−1 kg 100 g
=850 g
(호박의 무게)=1 kg 950 g−1 kg 300 g
=650 g
(당근의 무게)=1 kg 950 g−1 kg 500 g
=450 g

3. 양쪽 접시를 모두 사용할 때, 잴 수 있는 무게
3+3−5=1(g), 5−3=2(g), 3 g,
5+5−3−3=4(g), 5 g, 3+3=6(g),
5+5−3=7(g), 5+3=8(g),
5+5=10(g), 5+3+3=11(g),
5+5+3=13(g), 5+5+3+3=16(g)
(12가지)

4. ㉮+5 g=㉱ ➡ ㉮<㉱
㉱+5 g=㉯ ➡ ㉱<㉯
이므로 ㉮<㉱<㉯입니다.
㉮+㉯+㉱=㉰+5 g이므로
㉰는 가장 무거운 25 g입니다.
따라서 ㉮=5 g, ㉯=15 g, ㉰=25 g,
㉱=10 g입니다.

5. 무 2개의 무게가 가지 12개의 무게와 같으므로 무 4개의 무게는 가지 12×2=24(개)의 무게와 같습니다.
배추 3포기는 무 4개의 무게와 같고, 무 4개는 가지 24개의 무게와 같으므로 배추 3포기의 무게는 가지 24개의 무게와 같습니다.
배추 3포기의 무게가 가지 24개의 무게와 같으므로 배추 15포기의 무게는 가지
24×5=120(개)의 무게와 같습니다.

6. (고구마 4 kg 값)=(양파 5 kg 값)이므로
(고구마 8 kg 값)=(양파 10 kg 값)입니다.
따라서 (고구마 8 kg 값)+(양파 10 kg 값)
=(양파 20 kg 값)=25600(원)에서
양파 1 kg의 값은 25600÷20=1280(원)이고, 고구마 1 kg의 값은
1280×5÷4=1600(원)입니다.

8. 도형과 규칙성

개념 익히기 page. 93

1. 3개 2. 2개
3. 11개 4. 4개
5. 예 오른쪽에 나란히 붙였습니다.
6. 풀이 참조 7. 풀이 참조
8. 풀이 참조
9. 예 오른쪽에 나란히 붙였습니다.

3. $3+2\times4=11$(개)

4. $(12-10)\times2=4$(개)

6. 예

오른쪽과 아래쪽으로 뒤집어서 붙인 것입니다.

7. 예 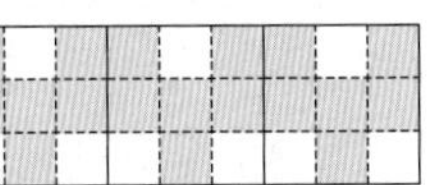

8. 예 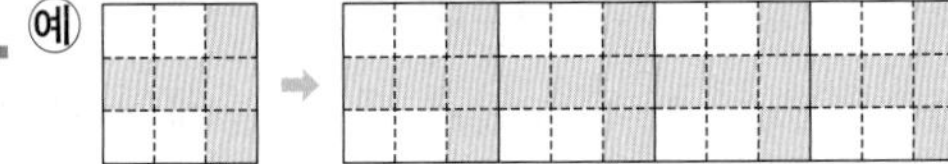

동메달 따기 page. 94~97

1. 6, 11, 16, 21, 26, 31
2. 51개 3. 251개
4. 7개 5. 5개
6. 5개 7. 27개
8. 15장 9. 55장
10. 5050장
11. (1) 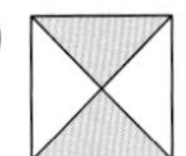 (2)
12. (1) (2)
13. 예

1. 처음 한 개의 육각형을 만드는 데 필요한 성냥개비는 6개이고, 그 뒤로 육각형 한 개를 더 만드는 데 필요한 성냥개비는 5개씩입니다.

2. $6+\underbrace{5+5+\cdots+5}_{5가\ 9개}=51$(개)가 필요합니다.

또는, (필요한 성냥개비의 개수)=(육각형의 개수)$\times5+1$이므로 $10\times5+1=51$(개)로 구할 수 있습니다.

3. $50\times5+1=251$(개)

7. $7+5\times4=27$(개)

8. 첫 번째 → 1장
두 번째 → $1+2=3$(장)
세 번째 → $1+2+3=6$(장)
네 번째 → $1+2+3+4=10$(장)
다섯 번째 → $1+2+3+4+5=15$(장)

9. $1+2+3+\cdots+10=55$(장)

10. 첫 번째 → 0
두 번째 → 1장
세 번째 → $1+2=3$(장)
네 번째 → $1+2+3=6$(장)
⋮
101번째 → $1+2+3+\cdots+100$

따라서 $1+2+3+\cdots+98+99+100$ (101, 101, 101)
$=101\times50=5050$(장)

응애달 따기 page. 98~101

1. 49장	**2.** 파란색, 17장
3. 72장	**4.** 301개
5. 60개	**6.** 3 m 30 cm
7. 99군데	**8.** 168 cm
9. 2 m 48 cm	**10.** ④
11. 풀이 참조	**12.** 풀이 참조
13. 풀이 참조	

1. 첫 번째 → 1장
세 번째 → 1+16=17(장) (16=4×4)
다섯 번째 → 1+16+32=49(장) (32=8×4)

참고 둘레에 놓인 개수 구하기
예 사각형 모양의 둘레에 놓인 개수를 구할 때는 4묶음으로 생각하여 구하면 쉽습니다.
따라서 3×4=12(개)입니다.

2. 노란색 카드는 8+24=32(장),
파란색 카드는 49장이므로 파란색 카드가 49−32=17(장) 더 많습니다.

3. 두 번째 → 8장
네 번째 → 8+24=32(장) (24=6×4)
여섯 번째 → 8+24+40=72(장) (40=10×4)

4.

사각형의 개수(개)	1	2	3	4	5	…
나무젓가락의 개수(개)	4	7	10	13	16	…

(3씩 커집니다: 3, 3, 3, 3)

4+3+3+3+ ⋯ +3=301(개)가 필요합니다. (3이 99개) 또는,
(나무젓가락의 개수)=(사각형의 개수)×3+1
이므로 100×3+1=301(개)

5. 182=(60×3+1)+1이므로 작은 사각형 60개를 만들고 나무젓가락 1개가 남습니다.
따라서 60개까지 만들 수 있습니다.

6. 사각형 1개일 때의 둘레의 길이
→ 15×4=60(cm)
사각형 2개일 때의 둘레의 길이
→ 60×2−15×2=90(cm)
사각형 3개일 때의 둘레의 길이
→ 60×3−15×4=120(cm)
사각형 4개일 때의 둘레의 길이
→ 60×4−15×6=150(cm)
⋮
사각형 10개일 때의 둘레의 길이
→ 60×10−15×18=330(cm)
따라서 3 m 30 cm입니다.

7. 2장 이을 때 잇는 부분은 1군데,
3장 이을 때 잇는 부분은 2군데,
4장 이을 때 잇는 부분은 3군데,
⋮
따라서 100장 이을 때에는 99군데가 잇는 부분이 됩니다.

8. 정사각형 5장을 따로 떼어 놓고 볼 때 총 둘레의 길이는 40×5=200(cm)이고,
5장을 이을 때 잇는 부분은 5−1=4(군데)이므로 4×2×4=32(cm)만큼 감소됩니다.
따라서 200−32=168(cm)입니다.

9. 10장을 따로 떼어 놓았을 때 총 둘레의 길이는 32×10=320(cm)이고, 잇는 부분은 10−1=9(군데)이므로 4×2×9=72(cm)만큼 감소합니다.
따라서 320−72=248(cm)=2 m 48 cm입니다.

11.
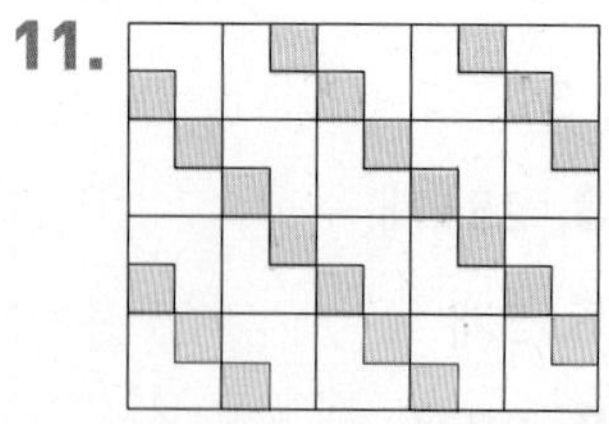

12.
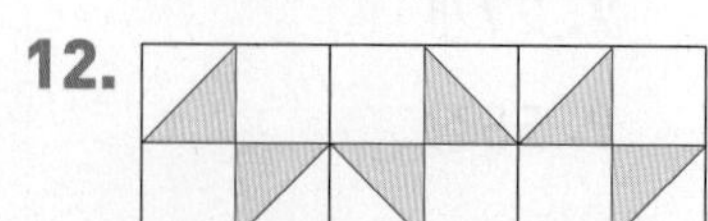

13.
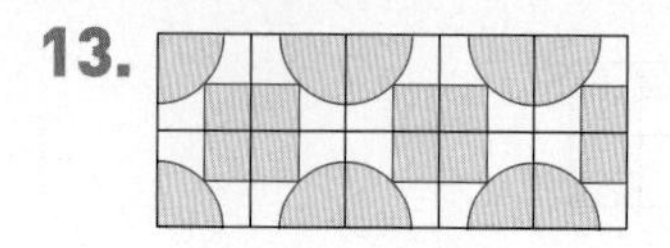

금메달 따기 page. 102~103 

1. 165개　　2. 3 m
3. 108개　　4. 흰색, 10개
5. 풀이 참조
6. 사각형 : 15개, 원 : 16개

1.

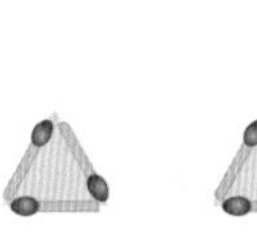
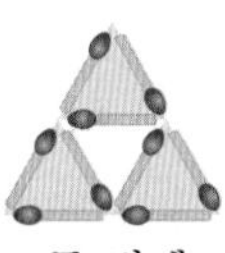
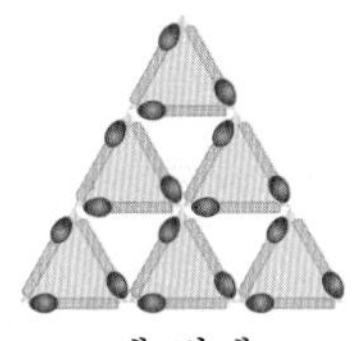

첫 번째　두 번째　세 번째

색칠한 삼각형의 개수를 알아내어 3배를 하면 구하는 성냥개비의 개수를 알 수 있습니다.
따라서 $(1+2+3+\cdots+10)\times 3=165$(개)입니다.

2. 20번째 도형의 한 변의 길이는
$5\times 20=100$(cm)이므로
삼각형의 둘레의 길이는 $100\times 3=300$(cm)
➡ 3 m입니다.

3. 정삼각형 한 변의 길이는 $120\div 3=40$(cm)이고, 한 변은 $40\div 5=8$(개)의 성냥개비가 있는 경우입니다.

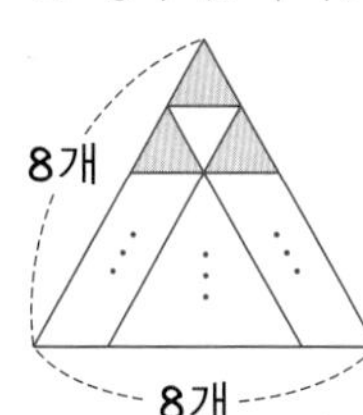

따라서 사용된 성냥개비의 개수는
$(1+2+3+\cdots+8)\times 3$
$=108$(개)입니다.

4. 각각의 경우에서 더 많은 바둑돌의 개수를 알아보면 첫 번째 : 검은색 1개, 두 번째 : 흰색 2개, 세 번째 : 검은색 3개, 네 번째 : 흰색 4개, …, 열 번째 : 흰색 10개

5.

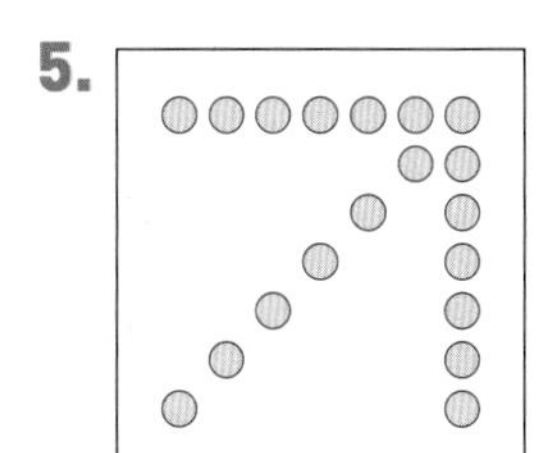

1 4 7 10 13 16 19 …
+3 +3 +3 +3 +3 +3

6. 블록이 2개일 때 ◯모양이 1개 생기고,
처음과 마지막을 제외한 블록이 2개일 때
◇모양이 1개 생깁니다.
따라서 ◯모양은 $32\div 2=16$(개),
◇모양은 $(32-2)\div 2=15$(개) 생깁니다.

9. 도형 세기

개념 익히기 page. 105 

1. 6개
2. 〈방법 1〉 8, 10, 4, 5, 2, 1 / 8, 10, 4, 5, 2, 1, 30
〈방법 2〉 10, 3, 10, 3, 30
3. 5개　　4. 12개
5. 6개

1. 1칸짜리 : 3개, 2칸짜리 : 2개, 3칸짜리 : 1개
➡ $3+2+1=6$(개)

3. 1칸짜리 : 4개, 4칸짜리 : 1개
➡ $4+1=5$(개)

4. 1칸짜리 : 5개, 2칸짜리 : 5개,
3칸짜리 : 1개, 4칸짜리 : 1개
➡ $5+5+1+1=12$(개)

5. 1칸짜리 : 1개, 2칸짜리 : 2개
3칸짜리 : 2개, 4칸짜리 : 1개
➡ $1+2+2+1=6$(개)

동메달 따기 page. 106~109

1. 9개	**2.** 21개
3. 45개	**4.** 36개
5. 6개	**6.** 8개
7. 14개	**8.** 1, 4, 9, 16
9. 30개	**10.** 60개
11. 70개	**12.** 40개

1. 주어진 도형의 가로 한 줄 ▭▭ 에서 찾을 수 있는 직사각형의 개수는 1칸으로 이루어진 것 2개, 2칸으로 이루어진 것 1개로 $1+2=3$(개)이며, 세로 한 줄 ⊟ 에서 찾을 수 있는 직사각형의 개수는 1칸으로 이루어진 것 2개, 2칸으로 이루어진 것 1개로 $1+2=3$(개)이므로 찾을 수 있는 직사각형은 모두 $3\times3=9$(개)입니다.

2. 1칸짜리 → 6개
2칸짜리 → 5개
3칸짜리 → 4개
4칸짜리 → 3개
5칸짜리 → 2개
6칸짜리 → 1개
$1+2+3+4+5+6=21$(개)

3. 가로 한 줄에서 찾을 수 있는 직사각형은 $1+2+3+4+5=15$(개), 세로 한 줄에서 찾을 수 있는 직사각형은 $1+2=3$(개)이므로 찾을 수 있는 직사각형은 모두 $15\times3=45$(개)입니다.

4. 가로 한 줄에서 찾을 수 있는 직사각형은 $1+2+3=6$(개), 세로 한 줄에서 찾을 수 있는 직사각형은 $1+2+3=6$(개)이므로 찾을 수 있는 직사각형은 모두 $6\times6=36$(개)입니다.

5. 도형 ㈏에서 찾을 수 있는 직사각형은 $(1+2+3+4)\times(1+2)=30$(개)이므로 도형 ㈎에서 찾을 수 있는 직사각형은 도형 ㈏에서 찾을 수 있는 직사각형의 개수보다 $36-30=6$(개) 더 많습니다.

6. 1칸으로 이루어진 정사각형이 6개, 4칸으로 이루어진 정사각형이 2개이므로 찾을 수 있는 정사각형은 모두 $6+2=8$(개)입니다.

7. 1칸으로 이루어진 것 9개, 4칸으로 이루어진 것 4개, 9칸으로 이루어진 것 1개이므로 찾을 수 있는 정사각형은 모두 $9+4+1=14$(개)입니다.

9. 1칸짜리 → 16개, 4칸짜리 → 9개, 9칸짜리 → 4개, 16칸짜리 → 1개이므로 찾을 수 있는 정사각형은 모두 $16+9+4+1=30$(개)입니다.

10.

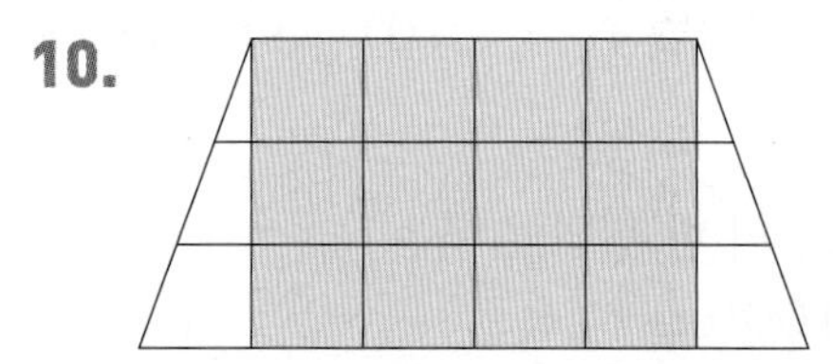

색칠한 부분에서 찾을 수 있는 직사각형의 개수를 구하면 됩니다.
따라서 $(1+2+3+4)\times(1+2+3)=60$(개)입니다.

11.

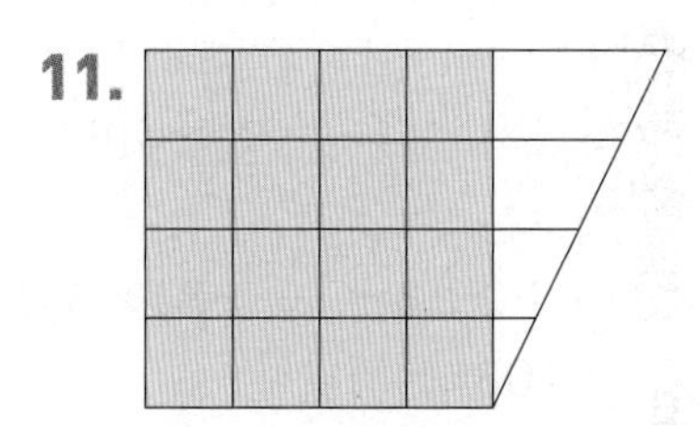

색칠한 부분에서 찾을 수 있는 직사각형은 $(1+2+3+4)\times(1+2+3+4)=100$(개), 찾을 수 있는 정사각형은 1칸짜리 16개, 4칸짜리 9개, 9칸짜리 4개, 16칸짜리 1개이므로 $16+9+4+1=30$(개)입니다.
따라서 직사각형의 개수와 정사각형의 개수의 차는 $100-30=70$(개)입니다.

12. 1칸짜리 → 20개
4칸짜리 → 12개
9칸짜리 → 6개
16칸짜리 → 2개
$20+12+6+2=40$(개)

●● $\underset{1칸짜리}{\underline{5\times4}}+\underset{4칸짜리}{\underline{4\times3}}+\underset{9칸짜리}{\underline{3\times2}}+\underset{16칸짜리}{\underline{2\times1}}$

$=40$(개)

은메달 따기 page. 110~113

1. 210개
2. 15개
3. 8개
4. 50개
5. 225개
6. 16칸
7. (3×3 격자 그림), 36개
8. 9개
9. 15개
10. 24개
11. 12개
12. 14개
13. 8개

1. 가로 한 줄에서 찾을 수 있는 직사각형은
$1+2+3+4+5+6=21$(개)
세로 한 줄에서 찾을 수 있는 직사각형은
$1+2+3+4=10$(개)이므로
찾을 수 있는 직사각형은 모두
$21\times10=210$(개)입니다.

2. (2×2 격자 그림) 모양의 개수를 구합니다.
따라서 15개를 찾을 수 있습니다.

3. (3×3 격자 그림) 모양의 개수를 구합니다.
따라서 8개를 찾을 수 있습니다.

4. 1칸짜리 정사각형 : 24개
4칸짜리 정사각형 : 15개
9칸짜리 정사각형 : 8개
16칸짜리 정사각형 : 3개
$24+15+8+3=50$(개)
따라서 찾을 수 있는 정사각형은 모두 50개입니다.

5. 가로 한 줄에서 찾을 수 있는 직사각형은
$1+2+3+4+5=15$(개),
세로 한 줄에서 찾을 수 있는 직사각형은
$1+2+3+4+5=15$(개)이므로
찾을 수 있는 직사각형은 모두
$15\times15=225$(개)입니다.

6. (4×4 격자 그림) 모양이므로 16칸입니다.

7. (3×3 격자 그림) 모양이며 여기에서 찾을 수 있는 직사각형은
$(1+2+3)\times(1+2+3)$
$=36$(개)입니다.

8. (♡를 포함하는 직사각형 9가지 그림)
따라서 9개를 찾을 수 있습니다.

9. ♡는 왼쪽에서 3번째 칸, 오른쪽에서 5번째 칸이므로 $3\times5=15$(개)를 찾을 수 있습니다.

10. ☆은 왼쪽에서 4번째 칸, 오른쪽에서 6번째 칸이므로 $4\times6=24$(개)를 찾을 수 있습니다.

11. [방법 1] 1칸짜리 → 1개
2칸짜리 → 3개
3칸짜리 → 2개
4칸짜리 → 3개
6칸짜리 → 2개
8칸짜리 → 1개
합계 → 12개

[방법 2]

(가로 4칸 그림)에서 찾을 수 있는 ☺을 포함하는 직사각형은 $2\times3=6$(개),

(세로 2칸 그림)에서 찾을 수 있는 ☺을 포함하는 직사각형은 2개이므로 $6\times2=12$(개)입니다.

12. 1칸짜리 → 1개
4칸짜리 → 4개
9칸짜리 → 6개
16칸짜리 → 3개
$1+4+6+3=14$(개)

13. 1칸짜리 → 1개
4칸짜리 → 4개
9칸짜리 → 3개
$1+4+3=8$(개)

금메달 따기 page. 114~115

1. 21개　**2.** 66개
3. 258개　**4.** 12개
5. 26개

1. 에서 찾을 수 있는 직사각형
➡ $(1+2)\times(1+2+3)=18$(개)

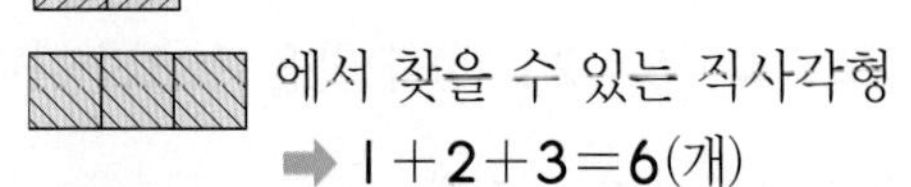

에서 찾을 수 있는 직사각형
➡ $1+2+3=6$(개)

에서 찾을 수 있는 직사각형
➡ $1+2=3$(개)

따라서 찾을 수 있는 직사각형은 모두 $18+6-3=21$(개)입니다.

2. 에서 찾을 수 있는 직사각형
➡ $(1+2)\times(1+2+3+4)$
$=30$(개)

에서 찾을 수 있는 직사각형
➡ $(1+2+3+4+5)$
$\times(1+2)=45$(개)

겹친 부분 에서 찾을 수 있는 직사각형
➡ $(1+2)\times(1+2)=9$(개)
따라서 찾을 수 있는 직사각형은 모두 $30+45-9=66$(개)입니다.

3.

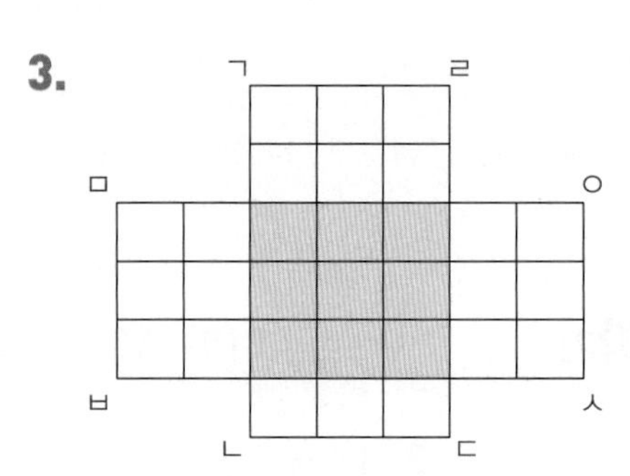

직사각형 ㄱㄴㄷㄹ에서 찾을 수 있는 개수
→ $(1+2+3)\times(1+2+3+4+5+6)$
$=126$(개)
직사각형 ㅁㅂㅅㅇ에서 찾을 수 있는 개수
→ $(1+2+3+4+5+6+7)\times(1+2+3)$
$=168$(개)
겹친 부분에서 찾을 수 있는 직사각형
→ $(1+2+3)\times(1+2+3)=36$(개)
따라서 $126+168-36=258$(개)입니다.

4.

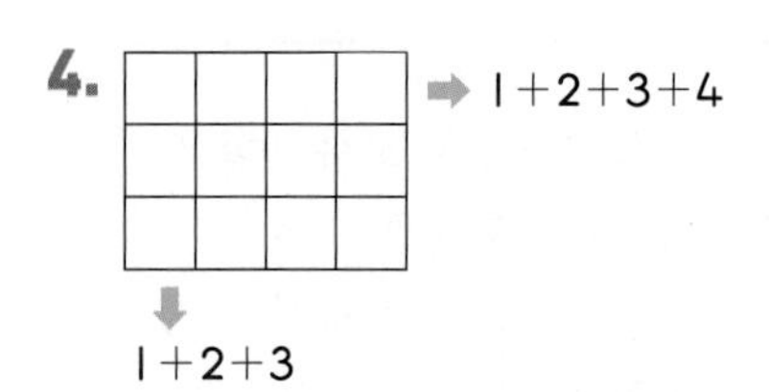

$60=10\times6=(1+2+3+4)\times(1+2+3)$으로 나타낼 수 있습니다. 따라서 가장 작은 정사각형은 $4\times3=12$(개)입니다.

5.

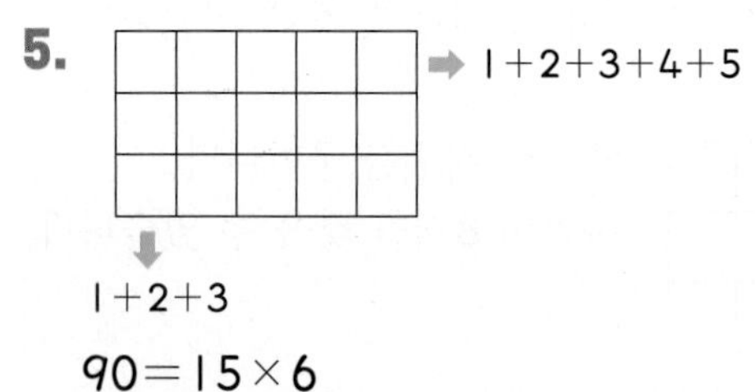

$90=15\times6$
$=(1+2+3+4+5)\times(1+2+3)$
으로 나타낼 수 있습니다.
위 그림에서 찾을 수 있는 정사각형은
1칸짜리 → 15개, 4칸짜리 → 8개,
9칸짜리 → 3개이므로
$15+8+3=26$(개)입니다.

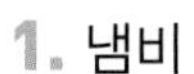

총괄 평가 page. 116~119

1. 냄비
2. (1) 다 (2) 10배
3. (1) 4700 (2) 5, 100
4. <
5. 1 L 200 mL
6. 사과
7. (1) g (2) g (3) g (4) kg
8. 3 kg 900 g
9. ㉠
10. 1 kg 200 g
11. 7, 9, 11
12. 21개
13. 61개
14. 예 
15. 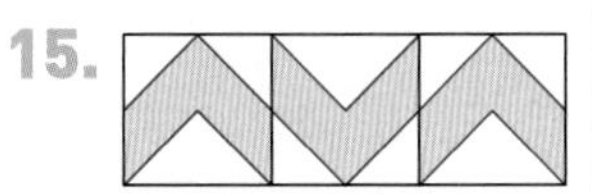
16. 15개
17. 30개
18. 8개
19. 5개
20. 3개

1. 같은 컵으로 물을 덜어 낸 횟수가 많을수록 들이가 많습니다.

2. (2) 양동이의 들이는 가 그릇으로 10번 부어서 가득 찼으므로 가 그릇의 10배입니다.

3. (2) 5100 mL=5000 mL+100 mL
=5 L+100 mL
=5 L 100 mL

5. 2 L 400 mL−1 L 200 mL
=1 L 200 mL

6. 사과>당근>오이입니다.

7. 1 kg보다 무거운 물건은 kg 단위로, 1 kg보다 가벼운 물건은 g 단위로 나타내는 것이 편리합니다.

8. 1 kg 100 g+2 kg 800 g=3 kg 900 g

10. 5 kg 800 g−4 kg 600 g=1 kg 200 g

11. 처음 한 개의 삼각형을 만드는 데 필요한 성냥개비의 개수는 3개이며, 그 뒤로 삼각형 한 개를 더 만드는 데 필요한 성냥개비의 개수는 2개씩입니다.
또한, 다음과 같은 규칙을 가지고 있습니다.
(필요한 성냥개비의 개수)
=(삼각형의 개수)×2+1

12. (필요한 성냥개비의 개수)
=(삼각형의 개수)×2+1
이므로 10×2+1=21(개) 필요합니다.

13. 30×2+1=61(개)

15. 반 바퀴 돌려가며 무늬를 꾸몄습니다.

16. 1+2+3+4+5=15(개)

17. (1+2+3+4)×(1+2)=30(개)

18. 2×2×2=8(개)

19. 1개짜리 : 4개, 4개짜리 : 1개
➡ 4+1=5(개)

20. 1개짜리 : 1개, 4개짜리 : 2개
➡ 1+2=3(개)

MEMO

3 학년이 꼭 알아야 할

도형